M. Walbeck · H.-J. Wagner
D. Martinsen · V. Bundschuh

Energie und Umwelt als Optimierungsaufgabe

Das MARNES-Modell

Mit 52 Abbildungen und 27 Tabellen

Springer-Verlag
Berlin Heidelberg GmbH 1988

Dr. rer. nat. Manfred Walbeck
Dr.-Ing. Hermann-Josef Wagner
Dr. rer. nat. Dag Martinsen
Dipl.-Phys. Vinzenz Bundschuh

Programmgruppe Systemforschung
und Technologische Entwicklung der
Kernforschungsanlage Jülich GmbH
Postfach 1913
5170 Jülich

ISBN 978-3-540-18489-8

CIP-Kurztitelaufnahme der Deutschen Bibliothek

Energie und Umwelt als Optimierungsaufgabe: d. Marnes-Modell / M. Walbeck . . .

ISBN 978-3-540-18489-8 ISBN 978-3-662-01617-6 (eBook)
DOI 10.1007/978-3-662-01617-6
NE: Walbeck, Manfred [Mitverf.]

Ursprünglich erschienen bei Springer-Verlag Berlin Heidelberg New York 1988

2160/3020-543210

Inhaltsverzeichnis

Abkürzungen in MARNES

ADAFW:	Methanisierung mit Fernwärmeabgabe und Stromerzeugung (NFE)
ADAM:	Methanisierung mit Prozeßwärmeabgabe (NFE)
ADS:	atmosphärische Destillation
ADSG:	Transport des NFE-Synthesegases
ATR:	atmosphärischer Rückstand
BBF:	Entbleiung des Benzins
BCO:	heimische Braunkohle
BCOG:	Brenstoffzelle mit CO, Grundlaststrom
BCOM:	Brennstoffzelle mit CO, Mittellaststrom
BCW:	Braunkohlebriketts
BEZ:	Benzin
BH2G:	Brennstoffzelle mit H_2, Grundlaststrom
BH2M:	Brennstoffzelle mit H_2, Mittellaststrom
BKG:	Braunkohlekraftwerk Grundlast
BKM:	Braunkohlekraftwerk Mittellast
BS:	Binnenschiffahrt mit Dieselantrieb (DIS)
BUP:	Gasersatz für abschaltbares Gas (Industrie)
BVH2:	hydrierende Kohlevergasung von Braunkohle mit externem H_2
CHNG:	Einspeisung von CH_4 ins Erdgasnetz
CKR:	Rückstandscoker
CO:	CO für Synthese und Turbine
COM:	CO im Synthesegas
COS:	reines CO
COTM:	CO-Turbine mit O_2, Grundlaststrom
COTS:	CO-Turbine mit O_2, Mittellaststrom
COU:	CO_2-Emissionen aus Umwandlung und Industrie
COV:	CO_2-Emissionen aus Haushalt und Verkehr

CO2: CO_2 für Synthese und aus Turbine
C2M: CO_2 im Synthesegas
C2S: reines CO_2
C4M: CH_4 im Synthesegas
C4S: reines CH_4
DB: Bundesbahn mit Grundlaststrom (ELG) und Mittellaststrom (ELM)
DBK: Heizung mit Brennwertkessel/Erdgas (GRW)
DEE: Verwendung von Strom (ELE) für Licht und Kraft
DFW: Heizung mit Fernwärme durch Heizkraftwerk mit Steinkohleeinsatz (HCP) und Kuppelstrom (ELMP)
DHB: Heizung mit Braunkohlebriketts (BCW)
DHE: Direktheizung mit Strom (ENH)
DHG: Heizung mit Erdgas (GRW)
DHH: Heizung mit Wasserstoff (H2G)
DHK: Heizung mit Haushaltskohle (HCW)
DHL: Heizung mit leichtem Heizöl (HL)
DHM: Heizung mit Methanol (MEH)
DHN: Nachtspeicherheizung mit Strom (ENH)
DIB: Prozeßwärmeerzeugung mit Braunkohle (BCO)
DIE: Prozeßwärmeerzeugung mit Strom (EII)
DIG: Prozeßwärmeerzeugung mit Erdgas (GPI)
DIH: Prozeßwärmeerzeugung mit schwerem Heizöl (HS)
DIK: Prozeßwärmeerzeugung mit Steinkohle (HCO)
DIL: Prozeßwärmeerzeugung mit leichtem Heizöl (HL)
DIM: Prozeßwärmeerzeugung mit Methanol (MEH)
DIW: Prozeßwärmeerzeugung mit H_2 (H2I)
DKS: Stahlerzeugung mit Koks (KOS)
DSP: Wärmedämmung

EEW: Verbraucherstrom für Raumwärme (Direktheizung)
EII: Verbraucherstrom für Prozeßwärme
EKE: Zuweisung des Kleinverbraucherstroms auf die Nachfrage von Strom zu Licht und Kraft
EKI: Zuweisung des Kleinverbraucherstroms auf den Industriesektor
EKW: Zuweisung des Kleinverbraucherstroms auf die elektrische Direktheizung
ELE: Verbraucherstrom für Licht und Kraft
ELG: Grundlaststrom nach Hochspannungsverteilung
ELGP: Grundlaststrom nach Erzeugung

ELH: Strom für Licht und Kraft im Haushalt nach Unterverteilung
ELI: Industriestrom nach Unterverteilung
ELK: Kleinverbraucherstrom nach Unterverteilung
ELM: Mittellaststrom nach Hochspannungsverteilung
ELMP: Mittellaststrom nach Erzeugung
ELN: Nachtstrom
ELS: Spitzenlaststrom nach Hochspannungsverteilung
ELSP: Spitzenlaststrom nach Erzeugung
ELW: Strom für Direktheizung im Haushalt nach Unterverteilung
ELY Wasserelektrolyse
ELYM: Wasserelektrolyse off-peak
ENH: Verbraucherstrom für Nachtspeicherheizung
ETH: Unterverteilung mit Lastkurve für Licht und Kraft im Haushalt
ETI: Unterverteilung mit Lastkurve für Industrie
ETK: Unterverteilung mit Lastkurve für Kleinverbraucher
ETW: Unterverteilung mit Lastkurve für Direktheizung im Haushalt

FU1: Raffinerie-Brennstoff aus Raffineriegas
FU2: Raffinerie-Brennstoff aus schwerem Heizöl

GAD: CH_4 aus Fernenergiesystem (mit Prozeßwärme)
GAF: CH_4 aus Fernenergiesystem (mit Fernwärme)
GAP: importiertes Erdgas
GAS: Gas für Reformierung (s. Neue Technologien)
GEM: Gas für Mittellastkraftwerk
GES: Gas für Spitzenlastkraftwerk
GGL: Grundlastgas
GUM: Gaskraftwerk Mittellast
GL16: SO_2 Gesamtemissionen
GL17 NO_x Gesamtemissionen
GL18: CO_2 Gesamtemissionen
GML: Mittellastgas
GPI: Gas und Gasersatz (Backup) für Industrie
GPM: abschaltbares Gas für Industrie/Mittellastkraftwerk
GPP: abschaltbares Gas für Industrie
GPR: abschaltbares Gas für Industrie/Haushalt
GPS: abschaltbares Gas für Industrie/Spitzenlastkraftwerk

GPW: Gas für Prozeßwärme (Industrie)
GRW: Gas für Raumwärme (Haushalt)
GSL: Spitzenlastgas
GTS: Gaskraftwerk Spitzenlast

HCI: Hydrocracker (zu leichtem Heizöl für Industrie)
HCN: Kohle für Kohleveredlung
HCO: heimische Steinkohle
HCP: Kraftwerkskohle
HCU: Hydrocracker (zu leichtem Heizöl für Kraftwerke)
HCW: Haushaltskohle
HC1: Hydrocracker (zu Naphtha/Benzin)
HC2: Hydrocracker (zu leichtem Heizöl für Endverbraucher)
HC3: Hydrocracker für leichtes Heizöl
HKV: hydrierende Kohlevergasung mit HTR (Steinkohle)
HKVB: hydrierende Kohlevergasung mit HTR (Braunkohle)
HL: leichtes Heizöl
HOD: schweres Heizöl (Gewicht)
HSKG: Hochspannungsverteilung Grundlast
HSKM: Hochspannungsverteilung Mittellast
HSKS: Hochspannungsverteilung Spitzenlast
H2: H_2 für Synthese und Turbine
H2G: H_2 (Gas) als Endenergieträger Haushalt und Verkehr
H2I: H_2 (Gas) als Endenergieträger Industrie
H2L: H_2 (flüssig) als Endenergieträger
H2M: H_2 im Synthesegas
H2R: H_2 aus der Raffinerie
H2S: reiner H_2
H2TS: Wasserstoffturbine mit O_2, Spitzenlaststrom

ICI: Erdgasreformierung

KBR: Kernbrennstoff
KC1: katalytischer Cracker (Schwerpunkt Benzin)
KC2: katalytischer Cracker (Schwerpunkt leichtes Heizöl)
KEL: Nachfrage Flugverkehr (Kerosin) (kWh)
KM: Nachfrage Personenverkehr (km)
KOI: Kokerei
KOK: Koks aus hydrierender Vergasung
KOKW: Koksverstromung mit O_2 (Grundlast)
KOKWM: Koksverstromung mit O_2 (Mittellast)

KONE:	Konvertierung des reinen CO
KONV:	CO-Konvertierung im Gasgemisch
KOS:	Koks zur Stahlerzeugung
KWBN:	Nachtstrom Braunkohlekraftwerk
KWLN:	Nachtstrom Kernkraftwerk
KWSN:	Nachtstrom Steinkohlekraftwerk
LCOM:	Leitung CO-Synthesegas
LCOS:	Leitung reines CO-Gas
LCO2M:	Leitung CO_2-Synthesegas
LCO2S:	Leitung reines CO_2-Gas
LDE:	Lkw (partikelarm) mit Diesel (DIS)
LDO/LOD:	leichtes Heizöl
LDW:	Lkw mit Diesel (DIS)
LH:	Flugverkehr mit Diesel/Kerosin
LHRS:	Überschuß H_2 aus der Raffinerie
LHSR:	Wasserstoffzufuhr zur Raffinerie
LH2M:	Leitung H_2-Synthesegas
LH2S:	Leitung reines H_2-Gas
LIK:	Nachfrage Licht und Kraft (kWh)
LMW:	Lkw mit Methanol (MEF) und Katalysator
LO2S:	Leitung reines O_2-Gas
LWG:	Kernkraftwerk Grundlast
LWM:	Kernkraftwerk Mittellast
L1M	Allokation der Komponenten des MIP-Gases
L2M:	Allokation der Komponenten des RSO-Gases
L3M:	Allokation der Komponenten des HKV-Gases
L4M:	Allokation der Komponenten des MIPKOK-Gases
L5M:	Allokation der Komponenten des WKV-Gases
L6M:	Allokation der Komponenten des HKVB-Gases
L7M:	Allokation der Komponenten des WKVB-Gases
L8M:	Allokation der Komponenten des ICI-Gases
L9M:	Allokation der Komponenten des OLV-Gases
L10M:	Allokation der Komponenten des Kokereigases
MEF:	Methanol als Kraftstoff
MEH:	Methanol als Brennstoff
MEOH:	Methanolsynthese
MET:	Methanol aus Synthese
MIP:	autotherme Kohlevergasung (Steinkohle)
MIPKOK:	autotherme Kohlevergasung (Koks)

MOK: Koks für Synthesegaserzeugung

NAB: Entstickung von 100 % Umwandlung, Braunkohle
NABI: Entstickung von 100 % Industrie, Braunkohle
NAG: Entstickung von 100 % Umwandlung, Gas, Methanol
NAGI: Entstickung von 100 % Industrie, Gas, Methanol
NAK: Entstickung von 100 % Umwandlung, Steinkohle
NAKI: Entstickung von 100 % Industrie, Steinkohle
NAL: Entstickung von 100 % Umwandlung, leichtes Heizöl
NALI: Entstickung von 100 % Industrie, leichtes Heizöl
NAP: Naphtha
NAS: Entstickung von 100 % Umwandlung, schweres Heizöl
NASI: Entstickung von 100 % Industrie, schweres Heizöl
NGTM: Erdgasturbine mit O_2, Mittellaststrom
NGTS: Erdgasturbine mit O_2, Spitzenlaststrom
NIB: NO_x Industrie, Braunkohle
NIG: NO_x Industrie, Gas, Methanol
NIK: NO_x Industrie, Steinkohle
NIL: NO_x Industrie, leichtes Heizöl
NIR: NO_x Industrie nach Entschwefelung
NIS: NO_x Industrie, schweres Heizöl
NIX: Allokation NO_x Industrie
NOV: NO_x Haushalt und Verkehr
NUB: NO_x Umwandlung, Braunkohle
NUG: NO_x Umwandlung, Gas, Methanol
NUI: NO_x Konversion
NUK: NO_x Umwandlung, Steinkohle
NUL: NO_x Umwandlung, leichtes Heizöl
NUR: NO_x Umwandlung
NUS: NO_x Umwandlung, schweres Heizöl
NUX: Allokation NO_x Umwandlung
NVK: NO_x Verkehr
NVR: NO_x Haushalt und Verkehr
NOB: Entstickung von 0 % Umwandlung, Braunkohle
NOBI: Entstickung von 0 % Industrie, Braunkohle
NOG: Entstickung von 0 % Umwandlung, Gas, Methanol
NOGI: Entstickung von 0 % Industrie, Gas, Methanol
NOK: Entstickung von 0 % Umwandlung, Steinkohle
NOKI: Entstickung von 0 % Industrie, Steinkohle
NOL: Entstickung von 0 % Umwandlung, leichtes Heizöl
NOLI: Entstickung von 0 % Industrie, leichtes Heizöl

NOS:	Entstickung von 0 % Umwandlung, schweres Heizöl
NOSI:	Entstickung von 0 % Industrie, schweres Heizöl
N2M:	Stickstoff im Synthesegas
N2S:	reiner Stickstoff
N9B:	Entstickung von 90 % Umwandlung, Braunkohle
N9BI	Entstickung von 90 % Industrie, Braunkohle
N9G:	Entstickung von 90 % Umwandlung, Gas, Methanol
N9GI:	Entstickung von 90 % Industrie, Gas, Methanol
N9K:	Entstickung von 90 % Umwandlung, Steinkohle
N9KI:	Entstickung von 90 % Industrie, Steinkohle
N9L:	Entstickung von 90 % Umwandlung, leichtes Heizöl
N9LI:	Entstickung von 90 % Industrie, leichtes Heizöl
N9S:	Entstickung von 90 % Umwandlung, schweres Heizöl
N9SI:	Entstickung von 90 % Industrie, schweres Heizöl
OHM:	Ölkraftwerk (HS) Mittellast
OIL:	Rohöl
OLS:	Ölkraftwerk (HL) Spitzenlast
OLV:	Rohölvergaser
OSI:	50 % Entschwefelung von leichtem Heizöl für Industrie
OSU:	50 % Entschwefelung von leichtem Heizöl für Kraftwerke
OS0:	interne Entschwefelung von leichtem Heizöl auf 0.3 GW % S
OS5:	50 % Entschwefelung von leichtem Heizöl für Endverbraucher
O2:	O_2 für Verbrennung
O2S:	reiner O_2
PBW:	Pkw mit verbleitem Benzin (BEN)
PDD:	Pkw mit Diesel (DIS) und normaler Fahrleistung
PDE:	Pkw (partikelarm) mit Diesel (DIS) und hoher Fahrleistung
PDU:	Pkw (partikelarm) mit Diesel (DIS) und normaler Fahrleistung
PDW:	Pkw mit Diesel (DIS) und hoher Fahrleistung
PGEL:	Purgegasverstromung mit O_2, Grundlaststrom
PHF:	Pkw mit flüssigem H_2 (H2F)
PHS:	Pkw mit gasförmigem H_2 (H2G) im Hydridspeicher
PKE:	Pkw nach EG-Norm mit verbleitem (BEN) und verbleitem (BEF)
PKOK:	Petrolkoks
PKW:	Pkw nach US-Norm (Katalysator) mit unverbleitem Benzin (BEF)

PMW: Pkw mit Methanol (MEF) und Katalysator
PTF: Platformer
PW: Nachfrage, Prozeßwärme (kWh)

RAAP: NFE-Methan Rückleitung
RAG: Raffineriegas
RGL: Einspeisung von Raffineriegas ins Gasnetz
RS: Rückstand
RSO: Röhrenspaltofen mit Hochtemperaturreaktor
RW: Nachfrage Raumwärme (kWh)

SAB: Entschwefelung von 100 % Umwandlung, Braunkohle
SABI: Entschwefelung von 100 % Industrie, Braunkohle
SAG: Entschwefelung von 100 % Umwandlung, Gas
SAGI: Entschwefelung von 100 % Industrie, Gas
SAL: Entschwefelung von 100 % Umwandlung, leichtes Heizöl
SALI: Entschwefelung von 100 % Industrie, leichtes Heizöl
SAS: Entschwefelung von 100 % Umwandlung, schweres Heizöl
SASI: Entschwefelung von 100 % Industrie, schweres Heizöl
SEPE: Luftzerlegung
SEPV: Luftzerlegung
SGA: Synthesegas für Methanisierung (NFE)
SG1: Synthesegas aus MIP
SG2: Synthesegas aus RSO
SG3: Synthesegas aus HKV
SG4: Synthesegas aus MIPKOK
SG5: Synthesegas aus WKV
SG6: Synthesegas aus HKVB
SG7: Synthesegas aus WKVB
SG8: Synthesegas aus ICI
SG9: Synthesegas aus OLV
SG10: Synthesegas aus Kokerei
SIB: SO_2 Industrie, Braunkohle
SIG: SO_2 Industrie, Gas
SIK: SO_2 Industrie, Steinkohle
SIL: SO_2 Industrie, leichtes Heizöl
SIR: SO_2 Industrie nach Entschwefelung
SIS: SO_2 Industrie, schweres Heizöl
SIX: Allokation SO_2 Industrie
SKG: Steinkohlekraftwerk Grundlast
SKI: Importkohle

SKM: Steinkohlekraftwerk Mittellast
SKS: Steinkohlekraftwerk Spitzenlast
SOV: SO_2 Haushalt und Verkehr (ohne leichtes Heizöl/Diesel)
ST: Nachfrage Stahl (t)
SUB: SO_2 Umwandlung, Braunkohle
SUG: SO_2 Umwandlung, Gas
SUI: SO_2 Konversion
SUK: SO_2 Umwandlung, Steinkohle
SUL: SO_2 Umwandlung, leichtes Heizöl
SUR: SO_2 Umwandlung nach Entschwefelung
SUS: SO_2 Umwandlung, schweres Heizöl
SUX: Allokation SO_2 Umwandlung
SVH2: hydrierende Kohlevergasung von Steinkohle mit externem H_2
SVL: SO_2 Haushalt und Verkehr (nur leichtes Heizöl/Diesel)
SVR: SO_2 Haushalt und Verkehr
S0B: Entschwefelung von 0 % Umwandlung, Braunkohle
S0BI: Entschwefelung von 0 % Industrie, Braunkohle
S0G: Entschwefelung von 0 % Umwandlung, Gas
S0GI: Entschwefelung von 0 % Industrie, Gas
S0K: Entschwefelung von 0 % Umwandlung, Steinkohle
S0KI: Entschwefelung von 0 % Industrie, Steinkohle
S0L: Entschwefelung von 0 % Umwandlung, leichtes Heizöl
S0LI: Entschwefelung von 0 % Industrie, leichtes Heizöl
S0S: Entschwefelung von 0 % Umwandlung, schweres Heizöl
S0SI: Entschwefelung von 0 % Industrie, schweres Heizöl
S9B: Entschwefelung von 90 % Umwandlung, Braunkohle
S9BI: Entschwefelung von 90 % Industrie, Braunkohle
S9G: Entschwefelung von 90 % Umwandlung, Gas
S9GI: Entschwefelung von 90 % Industrie, Gas
S9K: Entschwefelung von 90 % Umwandlung, Steinkohle
S9KI: Entschwefelung von 90 % Industrie, Steinkohle
S9L: Entschwefelung von 90 % Umwandlung, leichtes Heizöl
S9LI: Entschwefelung von 90 % Industrie, leichtes Heizöl
S9S: Entschwefelung von 90 % Umwandlung, schweres Heizöl
S9SI: Entschwefelung von 90 % Industrie, schweres Heizöl

TBM: Nachfrage Güterverkehr Schiene (tkm)
THG: Wasserstoffleitung zum Haushalt und Verkehr
THI: Wasserstoffleitung zur Industrie
THL: Wasserstofftransport und Verflüssigung
TKM: Nachfrage Güterverkehr Straße (tkm)

TRENN: Trennanlage für CO-Komponente
TRENN1: Trennanlage für MIP-Gas
TRENN2: Trennanlage für RSO-Gas
TRENN3: Trennanlage für HKV-Gas
TRENN4: Trennanlage für MIPKOK-Gas
TRENN5: Trennanlage für WKV-Gas
TRENN6: Trennanlage für HKVB-Gas
TRENN7: Trennanlage für WKVB-Gas
TRENN8: Trennanlage für ICI-Gas
TRENN9: Trennanlage für OLV-Gas
TRENN10: Trennanlage für Kokereigas
TSM: Nachfrage Güterverkehr Wasser (tkm)

UCS: Allokation CO_2 aus neuen Technologien
UC2: Allokation CO_2 aus neuen Technologien
UEC: Allokation CO_2 Umwandlung und Industrie

VBR: Visbreaker
VD: Vakuumdestillat
VDS: Vakuumdestillation
VEC: Allokation CO_2 Haushalt und Verkehr
VEN: Allokation NO_x Haushalt und Verkehr
VES: Allokation SO_2 Haushalt und Verkehr (ohne leichtes Heizöl/Diesel)
VGADE: NFE-Methan als Kraftwerksgas mit Verteilung
VGADP: NFE-Methan als Industriegas (lokal)
VGADR: NFE-Methan als Haushaltsgas mit Verteilung
VGAM: Erdgasverteilung für Industrie (abschaltbar) und Mittellastkraftwerk mit Grundlastgas
VGAP: Erdgasverteilung für Industrie (abschaltbar) mit Grundlastgas
VGAR: Erdgasverteilung für Industrie (abschaltbar) und Haushalt mit Grundlastgas
VGAS: Erdgasverteilung für Industrie (abschaltbar) und Spitzenlastkraftwerk mit Grundlastgas
VGEM: Erdgasverteilung mit Lastkurve Mittellastkraftwerk
VGES: Erdgasverteilung mit Lastkurve Spitzenlastkraftwerk
VGGL: Erdgas-Fernnetz (Grundlast)
VGML: Erdgas-Fernnetz (Mittellast)
VGPR: Erdgasverteilung für Haushalt und Industrie mit Netzausgleich

VGPW: Erdgasverteilung mit Lastkurve Industrie
VGRS: Erdgasverteilung für Haushalt und Spitzenlastkraftwerk mit Netzausgleich
VGRW: Erdgasverteilung mit Lastkurve Haushalt
VGSL: Erdgas-Fernnetz (Spitzenlast)
VSL: Allokation SO_2 Haushalt und Verkehr (nur leichtes Heizöl/Diesel)

WKG: Wasserkraftwerk Mittellast
WKV: Wasserdampfkohlevergasung mit HTR (Steinkohle)
WKVB: Wasserdampfkohlevergasung mit HTR (Braunkohle)

XBH: Braunkohlebrikettierung
XCN: Steinkohle für neue Technologien
XCO: CO-Gasmenge
XCOM: CO-Menge im Synthesegas
XCOMS: CO-Menge zur Methanolsynthese
XCOPG: CO-Menge im Purgegas
XCO2: CO_2-Gasmenge
XCO2MS: CO_2-Menge zur Methanolsynthese
XCO2PG: CO_2-Menge im Purgegas
XC2M: CO_2-Menge im Synthesegas
XC4M: CH_4-Menge im Synthesegas
XGAFD: Zusammenführung des Haushalt-, Industrie- und Kraftwerksgases aus dem NFE-System
XGBM: Bereitstellung von Gas und Gasersatz für die Industrie mit VGAM
XGBP: Bereitstellung von Gas und Gasersatz für die Industrie mit VGAP
XGBR: Bereitstellung von Gas und Gasersatz für die Industrie mit VGAR
XGBS: Bereitstellung von Gas und Gasersatz für die Industrie mit VGAS
XGLG: Bereitstellung von Erdgas für den Röhrenspaltofen
XGPW: Bereitstellung von Industriegas
XH2: H_2-Gasmenge
XH2M: H_2-Menge im Synthesegas
XH2MS: H_2-Menge zur Methanolsynthese
XH2PG: H_2-Menge im Puregas
XIN: Importkohle für neue Technologien
XIP: Importkohle für die Stromerzeugung

XKE:	Kokereigas für Kraftwerke
XKH:	Umwandlung in Haushaltskohle
XKK:	Steinkohle für die Stromerzeugung, Jahrhundertvertrag
XLBUP:	leichtes Heizöl als Gasersatz für die Industrie
XMBUP:	Methanol als Gasersatz für die Industrie
XMF:	Bereitstellung von Methanol als Kraftstoff
XMH:	Bereitstellung von Methanol als Brennstoff
XMIK:	Koks für Strom- oder Synthesegaserzeugung
XMIXH:	Zumischung von H_2 ins Erdgasnetz (Haushalte)
XMIXU:	Zumischung von H_2 ins Erdgasnetz (Industrie und Kraftwerke)
XNH:	Bereitstellung von Nachtstrom beim Verbraucher
XN2M:	N_2-Menge im Synthesegas
XO2:	O_2-Gasmenge
XPMK:	Koks für Strom- oder Synthesegaserzeugung

1 Vorbemerkung

Das vorliegende Buch spricht den Leser auf vier unterschiedlichen Ebenen an:

Erstens wird dargestellt, wann und warum ein Computermodell eingesetzt wird, unabhängig von dem hier vorgestellten Modell.

Zweitens soll transparent werden, wie der prinzipielle Aufbau des Rechenmodells, beginnend bei der zugrundegelegten Mathematik bis hin zur EDVmäßigen Umsetzung, aussieht und welche Ergebnisse erhalten werden können.

Drittens wird dem interessierten Modellanwender die Nachvollziehbarkeit des hier konkret vorgestellten Modells auf dem eigenen Rechner ermöglicht.

Viertens dient das Buch auch dem an energiewirtschaftlichen Daten interessierten Leser unabhängig von der Modellanwendung als ein konsistentes Nachschlagewerk für Kosten-, Wirkungsgrad- und Emissionsdaten in der Energiewirtschaft.

Diese vier Ebenen werden in den Hauptkapiteln des Buches unterschiedlich stark angesprochen.
So wird in Kapitel 2 darauf eingegangen, wie sich aus der gegebenen Aufgabenstellung über die Entwicklung eines Lösungsansatzes in Form eines mentalen Modells die Entscheidung zur Nutzung eines EDV-Modells als die adäquate Lösungsmethode ergibt.

Kapitel 3 gibt einen kurzen Abriß über die für das gewählte Modell erforderliche mathematische Ausgangsbasis und über die möglichen Analysen mit Hilfe eines solchen Instrumentariums. Es begründet die bevorzugte Analysemethode und die im Hinblick auf den Nutzer bevorzugte Art der Behandlung der Eingabedaten. Es zeigt die Form der Ergebnisdarstellung auf, die im Hinblick auf die an den Rechenergebnissen interessierten Fragesteller gewählt wurde.

Kapitel 4 zeigt die Umsetzung des Gedankenmodells auf der EDV-Ebene und somit das hier zugrundegelegte Modell. Es enthält zudem im zweiten Teil die verwendeten energiewirtschaftlichen Daten in zahlreichen Tabellen. Diese ersten Kapitel erlauben somit auch dem "Modellbauer", das Modell nachzustellen.

Kapitel 5 schließlich zeigt anhand eines Anwendungsbeispiels die erzielbaren Ergebnisse und möglichen Schlußfolgerungen des Instrumentes "Computermodell" auf.
In diesem Beispiel wurden die Annahmen und die Fragestellungen nicht nach aktuellem Problemlösungsbedarf der Energiewirtschaft ausgewählt, sondern entsprechend dem Ziel vorgegeben, die grundsätzlichen Möglichkeiten zur Problemlösung aufzuzeigen.

Im letzten Kapitel wird ein kurzer Abriß zur Einsatzfähigkeit des Modells unter Berücksichtigung bereits geschehener Einsätze gegeben.

Anlaß für die Autoren dieses Buch zu schreiben, war die Tatsache, daß sie in ihrer langjährigen Praxis der Bearbeitung verschiedenster Themen aus fast allen Bereichen der Energiewirtschaft immer wieder die Erfahrung machten, daß der Einsatz von Energiemodellen zusätzlicher Erläuterungen bedurfte. Dies führte zu dem Entschluß, einmal in ausführlicher Form das Entstehen und die Anwendung von Optimierungsmodellen darzulegen. Anhand eines konkreten Projektes der jüngsten Vergangenheit wurde nunmehr der Versuch in Form dieses Buches durchgeführt.

2 Problemstellung und Instrumentarienwahl

Jede Problemlösung bzw. -analyse hat ihren Ursprung in einer Fragestellung. Anhand der gestellten Frage ist das Problem zu definieren. Aus der Fragestellung und der somit erwarteten Antwort sind entsprechend der zu lösenden Aufgabe der Lösungsweg und damit auch die Hilfsmittel zur Lösung jeweils auszuwählen. Im Kontext dieser Ablauflogik wurde auch das in den folgenden Kapiteln beschriebene Modell "MARNES" entwickelt. In den nächsten Abschnitten soll die Modellentwicklung in den Rahmen der oben skizzierten Ablaufentwicklung eingebettet werden.

2.1 Problemfeld und Aufgabenstellung

In der Energieversorgung und Nutzung waren die erwarteten Reichweiten der Ressourcen bzw. ihre Verfügbarkeit - nicht zuletzt ausgelöst durch die Ölpreiskrisen der 70er Jahre - ein Thema, das zahlreiche Untersuchungen zur Folge hatte. Aus diesen Untersuchungen und aus den in den letzten Jahren sichtbar werdenden Schäden in der Ökosphäre als Folge der Energienutzung wurde immer deutlicher, daß der Umgang mit Energie wegen der damit verbundenen Auswirkungen auf die Umwelt Beschränkungen und neuen Anforderungen unterliegen wird. Nicht so sehr die quantitative Beschränkung der Ressourcen, die im Trend zunächst nur zu schwierigeren und teuereren Gewinnungstechniken führt, als vielmehr der zunehmende "Verschmutzungsgrad" in Form höherer Schadstoffkonzentration, wie z.B. Schwefel und Schwermetalle bei zugleich steigenden Umweltanforderungen, also neue qualitative Kriterien, führen zu der Forderung, unsere heutige Art der Nutzung der Energie zu überdenken.

Als Folge dieser Erkenntnis wurde an die Systemanalyse und konkret an die Autoren dieses Buches die Aufgabe herangetragen, neue Lösungsansätze zu untersuchen, die einen sauberen Umgang mit Energie ermöglichen.

Hierbei sollte auch der mögliche Übergang auf ein neues Energiesystem geprüft werden, das auf den folgenden drei Basisideen aufbaut.

1. Zerlegung der Primärenergieträger in drei für die Bereitstellung von Endenergieträgern nach derzeitigem Versorgungsmuster erforderlichen Bausteine, nämlich CO, H_2 und O_2. Bei der Zerlegung erfolgt sogleich eine weitgehende Abspaltung von unerwünschten Begleitelementen wie Schwefel und Stickstoffverbindungen und Schwermetallen, was gleichbedeutend ist mit einer Reinigung vor der "Verbrennung" anstelle einer nachträglichen Ausfilterung aus den Verbrennungsprodukten.

2. Weitgehende Vernetzung ("horizontale Integration") der Bausteine im Sinne einer (variablen) Kuppelproduktion. Der Verbraucher bindet sich nicht über die Wahl eines Endenergieträgers eindeutig an einen Primärenergieträger (vertikale Integration), denn wie bei der Stromerzeugung soll eine Palette von Umwandlungstechnologien zur Produktion des Endenergieträgers eingesetzt werden.

3. Bedarfsgerechte Produktion der Bausteine und Synthese der nachgefragten Endenergieträger und somit Vermeidung von "Überschüssen" einzelner Elemente, die z.B. bei Kohlenstoff letztendlich in zusätzlichen CO_2-Emissionen enden.

Für dieses neue Energiesystem wurden die folgenden Fragen gestellt:

1. Kann ein solches System in den nächsten 50 Jahren Eingang in die Energieversorgung bzw. -nutzung finden?

2. Inwieweit können Emissionsauflagen bei SO_2, NO_x ein solches System attraktiver oder auch notwendig machen?

3. Kann ein solches System einen Übergang zu einer Energieversorgung schaffen, die jenseits der betrachteten 50 Jahre weitgehend ohne das Kohlenstoffatom auskommen muß, um eine CO_2-Akkumulation in

der Atmosphäre und damit eventuell verbundene Klimaveränderungen zu vermeiden?

4. Kann ein solches System helfen, Zeit zu gewinnen im Hinblick auf die CO_2-Akkumulation, indem es die jährlichen CO_2-Emissionsraten verringert?

Diese Fragen seien konkret am Beispiel der bundesdeutschen Energieversorgung und -nutzung zu klären.

2.2 Lastenheft

Die in Abschn. 2.1 gegebene Fragestellung läßt sich für die Problembehandlung und das weitere Vorgehen auf ein Lastenheft zurückführen:

1. Energiesysteme sind als Technologiekombinationen darzustellen,
2. als Untersuchungsraum dient die Bundesrepublik Deutschland,
3. als Zeitraum gelten 50 Jahre,
4. Veränderungen von Kombinationen sind auch über der Zeit darzustellen (Veränderungsraten),
5. es hat ein Vergleich zwischen derzeitigen und neu definierten Energiesystemen stattzufinden,
6. als Vergleichskriterien gelten Kosten (Marktkriterien) und Emissionen (Umweltkriterien),
7. Energiebereitstellung und -nutzung sind die zu beschreibenden Funktionen der Technologiekombinationen der Energiesysteme.

2.3 Lösungsansatz

Zur weiteren Behandlung der Aufgabenstellung muß man die komplexen und verschachtelten Zusammenhänge in der Energieversorgung der Bundesrepublik Deutschland sowie die Datenvielfalt zunächst einmal auf die wesentlichen - im Sinne der Fragestellung - Informationen in einem mentalen Modell reduzieren.

Unter Energieversorgung wird im Zusammenhang mit der Fragestellung (s. Punkt 7 Lastenheft) die Energiebereitstellung und -nutzung, d.h. die Umwandlung und Verteilung verschiedener Energieformen von der Primärenergieträgerebene bis zur Nutzenergiedarbietung verstanden. Es wird für die Bundesrepublik Deutschland davon ausgegangen, daß Art und Umfang der Energieversorgung von der Nachfrage auf der Nutzenergieebene bestimmt werden.
Dabei läßt sich der Energiefluß von der Primärenergie bis zur Nutzenergie in den klassischerweise verwendeten Kategorien von wenigen Energieträgern bzw. Energiedienstleistungen beschreiben. Diese sind die Primärenergieträger Stein- und Braunkohle, Erdöl, Erdgas, nukleare Brennstoffe und Wasserkraft und die Sekundär- bzw. Endenergieträger feste Brennstoffe, flüssige Kraft- und Brennstoffe, Erdgas, Fernwärme und Strom. Die Nutzenergie läßt sich durch die nachgefragten Energiedienstleistungen "Demand" darstellen. Diese lassen sich hinreichend durch gefahrene km bzw. tkm, Raumwärme bzw. Prozeßenergiebedarf, t-Stahl sowie Bahn-, Flug- und Schifftransportaufwand beschreiben. Die Umwandlung der Energieträger und ihre Zuordnung zur Nachfrage lassen sich auf der Technikebene (gemäß Punkt 2 des Lastenheftes) durch repräsentative Umwandlungsanlagen (z.B. Kraftwerke, Raffinerie, Heizungen) und Transporteinrichtungen (Leitungen, Fahrzeuge) darstellen.

Bildlich läßt sich die dargestellte Situation umsetzen in ein Energie- und Massenflußbild, wie es z.B. zur visuellen Darstellung der Energiebilanz der Bundesrepublik Deutschland verwendet wird. Übergänge von einer Energieträgerform in eine andere - z.B. Kohle in Strom - werden durch Technologien, z.B. Kraftwerke beschrieben. Verknüpfungen zwischen verschiedenen Flüssen bestehen über die spezifischen Energieträger- bzw. Mengeneinsätze pro abgegebene Einheiten der Technologien. Erforderliche Transportvorgänge zur physikalischen Gewährleistung dieser Verknüpfungen können durch Transporttechnologien abgebildet werden, die durch die gleichen Einheiten (Menge, Art) beschrieben werden können. Mit den Massen- bzw. Energieströmen lassen sich Kostenströme korrelieren, indem man nach gleichem Muster die Technologien zusätzlich durch ihre Kosten (Investitionskosten, Betriebskosten) charakterisiert. Ebenso kann man Umweltdaten (Emissionen) zuordnen.

Zur numerischen Darstellung eines solchen Netzwerkes sind eine Vielzahl von Daten wie Kosten, Wirkungsgrade, spezifische Emissionen zu behandeln. Eine reproduzierbare und dokumentierfähige Arbeit erfordert deshalb aus arbeitstechnischen Gründen den Einsatz eines Computers.

Da im Rahmen eines solchen Flußbildes, das aufgrund der Verknüpfungen wie ein Netz wirkt, eine Vielzahl von Pfaden zum Ziel führt, verbleibt das Problem, unter den möglichen Kombinationen die beste auszuwählen. Entsprechend Punkt 6 des Lastenheftes kann als beste Lösung die Kombination definiert werden, die aus dem Primärenergieangebot die geforderte Nutzenergiebereitstellung gemäß Demandvorgabe zu den geringsten Kosten und den geringsten Emissionen gewährleistet.

Somit läßt sich die Auswahlproblematik quasi als logistisches Problem auffassen, ähnlich dem eines Produzenten, der den schnellsten Vertriebsweg zwischen seiner Produktionsstätte und seinen Kunden sucht. Hier ist der Pfad der Techniken gesucht zwischen Primärenergie und Nutzenergie, der die geringsten Kosten und Emissionen gewährleistet. Dies ist ebenfalls ein logistisches Problem.

Für derartige Fragestellungen der Logistik gibt es seit Jahrzehnten ein etabliertes und bewährtes Verfahren, nämlich die Lineare Programmierung (LP). So wurde auch hier entschieden, ein LP-Modell anzuwenden.

Als Kurzbezeichnung des Modells wurde die Abkürzung MARNES (Market Allocation including Novel Energy Systems) gewählt.

In der Bewertung, die modelltechnisch über die Minimierung bzw. Maximierung einer sog. Zielfunktion erfolgt (s. Kapitel 3), müßten im Sinne der Definition der besten Lösung Kosten und Emissionen gemeinsam optimiert werden. Hier gibt es aber Probleme der Konvertibilität, da in diesem Falle Kosten und Emissionen in gleichen Einheiten gemessen werden müssen. Wenn auch die Kosten der Emissionsverringerung noch erfaßt werden können, sind zur Zeit die Kosteneinsparung aufgrund der hierdurch erreichten Schadensvermeidung nicht hinreichend erfaßbar. Somit ist keine Kommensurabilität auf der Basis DM möglich. Die Optimierung ist nur alternativ möglich: Minimierung der Kosten oder Minimierung der Emissionen bei Demanderfüllung.

Da klassischerweise wirtschaftliches Handeln von Kostenüberlegungen dominiert wird, wurde als Zielfunktion eine Kostenfunktion gewählt.

Der Bedeutung der Emissionen wurde dadurch Rechnung getragen, daß sie in Form von Randbedingungen ("Constraints") oder Schranken ("Bounds"), d. h. über entsprechende Vorgaben, die einzuhalten sind, in den Rechnungen berücksichtigt werden.

Gemäß Punkt 2 des Lastenheftes wurde für die zu behandelnden Technologien auf deutsche Daten zurückgegriffen und in Analogie zu Punkt 5 vorgesehen, daß die bestehenden Technologien in gleichem Abstraktionsgrad und mit gleichem Datenaufwand abzubilden sind wie die neuen Technologien. Entsprechend Punkt 3 und 4 des Lastenheftes wurde entschieden, die Optimierung über mehrere Zeitperioden zu erstrecken (8-Periodenmodell). Dies eröffnet durch Einführung einer Diskontrate auch eine Bewertung der Kosten nach ihrem zeitlichen Anfall.

Eine Diskontrate wirkt wie ein verkehrt herum gehaltenes Fernglas. Je weiter die Kosten in der Zukunft liegen, desto stärker werden sie verkleinert. Indem man also in die Zielfunktion die diskontierten Kosten einführt, kann man quasi modellhaft das menschliche Verhalten erfassen. Entscheidungen, die weiter in der Zukunft liegen, werden für weniger wichtig erachtet als unmittelbar zu treffende.

Bei der gemäß Punkt 1 des Lastenheftes zu treffenden Auswahl der Technologiekombinationen ist folgendes LP-spezifisches Verhalten zu berücksichtigen. Befriedigen zwei gleichartige Kombinationen A und B (z.B. zwei Kohlekraftwerke verschiedener Hersteller) den gleichen Demand, wobei A die billigere Alternative ist, so wird immer die Alternative A zu 100 % genommen. Mischungen aus A und B kommen nur vor, wenn A nach oben hin durch externe oder modellinterne Bounds begrenzt ist (z.B. Lieferengpaß des Herstellers A). Eine Vielfalt von gleichartigen Technologien abzubilden ist daher im Rahmen einer LP-Optimierung nicht sinnvoll, erhöht den Datenaufwand und führt nur zu einer Scheinoptimierung im Rahmen exogen vorgegebener Bounds. Aus diesem Grund wird hier nur jeweils zu jedem Weg eine repräsentative Technik abgebildet. Die getroffene Auswahl ist somit bezogen auf das gewählte technische Verfahren, gewissermaßen willkürlich. Ergebnisse dürfen nicht als Verfahrensoptimierungen, sondern nur als Pfadoptimierungen verstanden werden. Innerhalb des Pfades sind noch Verfahrensoptimierungen außerhalb des Modellalgorithmus durch geeignete Auswahl der Technik möglich. Die getroffene Auswahl kann Kapitel 4 entnommen werden.

2.4 Zur Modellausgestaltung

Bei der Modellausgestaltung muß auf den Anwender und Nutznießer Rücksicht genommen werden. So wird der Modellaufbau (durch modulare Konstruktion) so vorgenommen, daß Fragestellungen auch ohne die Berücksichtigung neuer Technologien beantwortet werden können. Es wird quasi deren Zu- und Abschalten gewährleistet. Da solche Programme eine Vielzahl von Daten generieren, wird auch der Datenaufbereitung zur Information des Nutzers Rechnung getragen. Aus diesem Grund wurde ein Reportwriter erstellt (s. Kapitel 3), der in Form von Tabellen und Bildern die Daten auf übliche Dimensionen und Darstellungsweisen aggregiert. Dabei wurden die Darstellungen speziell darauf ausgerichtet, daß die Analysen für die Fragestellung im wesentlichen durch Szenariovergleich (s. Kapitel 5) erfolgen konnten. Weitere Analysemöglichkeiten (s. Kapitel 3) sind damit aber nicht ausgeschlossen.

3 Lineare Programmierung

3.1 Einführung

Das lineare Programmieren ist eine Methode der Systemanalyse. Es ist ein mathematisches Verfahren zur Lösung von linearen Optimierungsproblemen. Im Rahmen der Systemanalyse führen bestimmte Aufgaben- oder Fragestellungen zu sogenannten linearen Optimierungsproblemen, die nach entsprechender mathematischer Formulierung mit Hilfe der linearen Programmierung gelöst werden können. Dieses mathematische Lösungsverfahren der linearen Programmierung, das unter dem Namen "Simplexverfahren" allgemein bekannt ist, beruht auf der Theorie der Lösungsverfahren für lineare Gleichungssysteme. Eine Beschreibung des Simplexverfahrens setzt daher die Kenntnis von linearen Gleichungssystemen voraus, worauf im Abschn. 3.3 eingegangen wird. Grundlage der Diskussion des Simplexverfahrens wird dann im Abschn. 3.4 die aus dem Gaußschen Verfahren sich ergebende Tableaudarstellung sein. Der abschließende Abschnitt dieses Kapitels befaßt sich dann mit der Berechnung von Optimierungsproblemen nach dem Simplexverfahren mit Hilfe eines Computers und der Darstellung der Ergebnisse.

Für die Anwendung des Simplexverfahrens muß das lineare Optimierungsproblem in einer ganz bestimmten, mathematischen Form dargestellt werden. Der Zusammenhang zwischen der Aufgabenstellung des linearen Optimierungsproblems und seiner mathematischen Formulierung soll im nächsten Abschnitt kurz ausgeführt werden. Dazu ist es notwendig, einige Begriffe der Systemtheorie einzuführen und sie dann den im Simplexverfahren verwendeten Bezeichnungen gegenüberzustellen.

Zum besseren Verständnis dieser Ausführungen wird das Energiemodell MARNES als Beispiel hier näher diskutiert. Die Beschreibung der Problemstellung und das Lastenheft für das Energiemodell MARNES enthält das vorhergehende Kapitel. Die detaillierte Struktur des Energiemodells MARNES mit seinen Restriktionsgleichungen und Eingabedaten ist im nächsten Kapitel beschrieben.

3.2 Lineares Optimierungsproblem

3.2.1 Systemanalytische Ausführungen

Der Systembegriff ist zunächst ein rein abstrakter Begriff, der beinhaltet, daß mehrere Elemente, Systemelemente, Systemteile, einschließlich ihrer Beziehungen untereinander zu einer Gesamtheit zusammengefaßt werden. Demnach setzt sich ein System einmal aus im konkreten Fall näher zu beschreibenden Elementen oder Teilen zusammen. Zum anderen aber gehören zum System auch die Beziehungen, die Verbindungen oder die Verknüpfungen der Elemente untereinander dazu. Damit stellt der Begriff System nicht nur eine reine Addition oder Aufzählung der Systemelemente dar. Beide Aspekte gehören zur Definition des Begriffes System.

Die konkrete Beschreibung eines Systems muß in der Aufgabenstellung, der Problemstellung, enthalten sein. Somit muß aus der Aufgabenstellung sowohl die Definition des zu untersuchenden Systems, also im wesentlichen seine Abgrenzung, und damit die Wahl der Systemelemente, als auch die Art und der Umfang der Relationen unter den Systemelementen eindeutig hervorgehen. Die Auswahl des Untersuchungs-, Lösungsverfahrens ist ebenfalls Inhalt der Aufgabenstellung, und sie beeinflußt ebenso die Wahl der Systemelemente und deren Beziehungen.

Die Aufgabenstellung definiert ein reales System als Untersuchungsgegenstand. Dieses reale System wird mit Hilfe von geeignet ausgewählten Systemelementen und der Themenstellung entsprechenden Verknüpfungen dieser Systemelemente untereinander beschrieben oder abgebildet. In diesem Sinne bedeutet der Begriff Abbildung die Beschreibung eines realen Systems durch die Auswahl von Systemelementen und deren Beziehungen miteinander. Diese Beziehungen der Systemelemente können je nach der Aufgabenstellung entweder qualitativ, d.h. mit Worten, oder mathematisch in Form von Gleichungen erfolgen. Im Rahmen der linearen Programmierung wird immer eine mathematische Abbildung, also eine Beschreibung der Beziehungen mit Hilfe von mathematischen Gleichungen vorausgesetzt. Die Wahl der Systemelemente, mathematisch gesprochen, die Variablen, und die Relationen, die mathematischen Gleichungen, sollen hier unter dem Begriff Modell zusammengefaßt werden. Jede mathematische Gleichung enthält Konstanten, Zahlenwerte. Für alle Konstanten, Zahlenwerte eines Modells, eines mathematischen Modells, wird hier der Begriff Szenario verwendet.

Für das Energiemodell MARNES ergeben sich aufgrund der Problemstellung folgende Festlegungen: Das reale System ist das Energiesystem der Bundesrepublik. Die Abgrenzung des realen Systems ist einmal durch den Import der Ressourcen und zum anderen durch die Forderung, den gesamten Energiebedarf zu decken, gegeben. Die Forderung, den vorgegebenen Energiebedarf zu decken, ist der Zweck, das Ziel und die Aufgabe des Energiesystems. Aufgrund dieser Aufgabenstellung ergibt sich dann, wie in den folgenden Abschnitten gezeigt wird, die Auswahl der Systemelemente und deren Verknüpfungen.

3.2.2 Zielfunktion und Strukturvariablen

Wie schon in der Einführung betont wurde, stellen Optimierungsprobleme eine Möglichkeit der Systemanalyse dar. Neben der Festlegung des Systems und des Untersuchungsziels müssen daher in der Problemstellung noch weitere Angaben bei Optimierungsproblemen vorhanden sein. Diese lassen sich aus dem Begriff Optimieren ableiten. Optimieren heißt, daß aus mindestens zwei "gleichwertigen" Varianten aufgrund eines vorgegebenen Kriteriums die optimale Alternative ausgewählt werden soll. Das Auswahlkriterium ist ein Element eines Optimierungsproblems, und dieses Kriterium muß in der Aufgabenstellung mitenthalten sein. Das Kriterium wird als Zielfunktion des Optimierungsproblems bezeichnet.

Es gibt zwei Typen von Optimierungsproblemen, die eng miteinander verbunden sind. Das gesuchte Optimum kann entweder ein Minimum oder ein Maximum sein. Ohne weiter darauf einzugehen, sei hier erwähnt, daß zu jedem Minimierungsproblem ein Maximierungsproblem existiert und umgekehrt. Zu jedem primalen Problem gibt es ein duales Problem. Ist das primale Problem eine Minimumaufgabe, dann stellt das duale Problem eine Maximumaufgabe dar. Die optimale Lösung ist in beiden Fällen dieselbe.

Das Auswahlkriterium beeinflußt ebenfalls die Auswahl der Systemelemente, die das zu untersuchende System darstellen. In der Aufgabenstellung wird vorgegeben, welcher Aspekt dieses Systems untersucht werden soll. Hinsichtlich dieses Untersuchungsziels müssen entsprechend der Definition des Optimierens mindestens zwei "gleichwertige" Alternativen, d.h. mindestens zwei "gleichwertige" Systemelemente vorhanden sein. In dem Energiemodell MARNES ist als Untersuchungsziel die Deckung des Energiebedarfs vorgegeben. Beispielsweise kann der Energiebedarf im Haushalt durch verschiedene Energieträger gedeckt werden. Hinsichtlich der Deckung des Energiebedarfs im Haushalt stellen somit diese verschiedenen Energieträger "gleichwertige" Alternativen dar. Was im System als "gleichwertige" Alternativen anzusehen sind, ist ein wesentlicher Teil der Ergebnisse der linearen Programmierung.

Das Auswahlkriterium, die Zielfunktion, muß eine lineare Funktion sein. Eine lineare Funktion ist eine Addition von Summanden, die aus dem Produkt einer Variablen mit einer Konstanten, dem Koeffizienten, bestehen, wobei die Konstante nicht von der Variablen abhängt. Die Variablen der Zielfunktion werden als Strukturvariablen bezeichnet, und sie bilden zusammen mit den später noch einzuführenden Schlupfvariablen die Optimierungsvariablen. Die Zielfunktion ist somit eine lineare Funktion in den Strukturvariablen. Die Koeffzienten, die Konstanten, dieser Zielfunktion werden auch als Zielfunktionskoeffizienten bezeichnet. Der Wert dieser linearen Zielfunktion nach Lösung des Optimierungsproblems mittels der linearen Programmierung stellt dann den Lösungswert, den minimalen oder maximalen Wert je nach dem Optimierungsproblem, dar.

Im Energiemodell MARNES wurden als Systemelemente die Technologien zur Erzeugung von Energieträgern gewählt. Die Strukturvariablen sind die Technologien, wie Kraftwerke, Versorgungsanlagen, Raffinerien und andere Energieumwandlungsanlagen, wobei der Zahlenwert der Strukturvariablen die Aktivität der Technologie, ein Maß für die abgegebene Menge von Energieträgern, angibt. Die Dimension dieser Aktivität, der Menge des von der Technologie erzeugten Produktes, wird durch die Festlegung des Koeffizienten dieser Strukturvariablen bestimmt, worauf unten bei der Einführung der Restriktionsgleichungen eingegangen wird. Die Berechnung mit Hilfe des Simplexverfahrens liefert als Ergebnis für die Optimierungsvariablen Werte, Zahlenwerte, die die optimale Lösung des Optimierungsproblems darstellen. Sofern dieser

Zahlenwert einer Strukturvariablen und damit die Aktivität der entsprechenden Technologie von Null verschieden ist, bedeutet dies, daß diese Technologie produziert und zum Aufgabenziel des Systems beiträgt. Man sagt dann, daß diese Technologie, Strukturvariable, in Lösung ist. Da die Zahlenwerte der Strukturvariablen in der optimalen Lösung angeben, ob eine Technologie in Lösung ist, ergibt sich daraus, daß der zulässige Wertebereich der Strukturvariablen nur die positive Zahlenskala ist, d.h. die Strukturvariablen können nur positive Werte oder Null annehmen. Da für die Optimierung mindestens zwei "gleichwertige" Alternativen vorgegeben sein müssen, aus denen dann gemäß dem Auswahlkriterium eine Alternative ausgewählt wird, muß es auch Strukturvariablen geben, die in der Lösung den Wert Null haben. Die dazugehörende Technologie produziert nicht, sie geht nicht in Lösung.

Die Auswahl der Technologien als Systemelemente ist eine Möglichkeit, die insbesondere bei der Abbildung des Energiesystems in technologischem Sinne Vorteile hat. Beispielsweise ist die Beschreibung der Kapazitäten der Technologien sowie die Einführung des Wirkungsgrades bei dieser Auswahl einfacher. Eine andere Möglichkeit wäre die Auswahl der Stoffströme oder Energiemengen als Systemelemente. Diese Form der Abbildung wird besonders bei ökonomischen Modellen angewandt, wo es mehr auf die Produktströme des Systems als auf seine technologische Beschreibung ankommt. In dem Energiemodell MARNES werden im Sektor NHIES bei der Abbildung von stöchiometrischen Gleichungen der Gase als Typ der Strukturvariablen, der Systemelemente, die Gasmenge verwendet. Es ist somit möglich, verschiedene Definitionen der Strukturvariablen in ein und demselben Modell einzuführen.

3.2.3 Restriktionsgleichungen und Grenzwerte

Der Begriff des Systems beinhaltet neben den Systemelementen auch deren Verknüpfungen, deren Relationen untereinander. Da die Systemelemente die Strukturvariablen darstellen, werden bei der linearen Programmierung die Beziehungen der Systemelemente untereinander zu den sogenannten Restriktionsgleichungen. Diese Restriktionsgleichungen sind somit wie die Zielfunktion ebenfalls lineare Gleichungen in den Strukturvariablen, und sie sind in der Regel Ungleichungen. Eine lineare Funktion ist, wie oben beschrieben wurde, eine Addition von eindimensionalen Variablen, multipliziert mit einer Konstanten. Eine lineare Gleichung ist eine Gleichung zwischen einer linearen Funktion und einer Konstanten. In der Regel wird die lineare Funktion links vom Gleichheitszeichen und die Konstante rechts geschrieben (siehe die mathematische Schreibweise von linearen Gleichungen im nächsten Abschnitt). Daher wird die Konstante einer linearen Gleichung im folgenden immer als Konstante der rechten Seite bezeichnet. Eine lineare Gleichung besagt damit, daß der Wert der linearen Funktion gleich der Konstanten der rechten Seite sein muß. Demgemäß ist eine Ungleichung eine lineare Gleichung, bei der der lineare Funktionswert nicht gleich der Konstanten der rechten Seite sein muß. Dabei gibt es verschiedene Typen von Ungleichungen, je nachdem, ob der lineare Funktionswert größer oder kleiner als der Wert der Konstanten der rechten Seite sein soll.

Diese Ungleichungen besagen, daß die Strukturvariablen voneinander nicht unabhängig sind. Daraus folgt, daß durch die Restriktionsgleichungen der zulässige Wertebereich der Strukturvariablen weiter eingeschränkt wird. Die Form der Restriktionsgleichungen als Ungleichungen bedeutet jedoch gegenüber einer exakten Gleichung eine schwächere Einschränkung des zulässigen Wertebereiches der Strukturvariablen. Für die Anwendung des Simplexverfahrens werden diese Ungleichungen, wie später genauer gezeigt wird, durch Einführung einer zusätzlichen Variablen, der Schlupfvariablen, in exakte Gleichungen überführt. Die Koeffizienten der Strukturvariablen in den Restriktionsgleichungen werden als Matrixkoeffizienten bezeichnet. Im Gegensatz zu der linearen Zielfunktion, die eine lineare Funktion in allen Strukturvariablen ist, treten in den Restriktionsgleichungen in der Regel nur wenige Strukturvariablen auf, d.h. die Matrixkoeffizienten der meisten Strukturvariablen sind in einer Restriktionsgleichung Null.

Bei dem Energiemodell MARNES sind die meisten Beziehungen unter den Systemelementen, den Technologien, dadurch gegeben, daß jede Technologie, die ein Produkt erzeugt, dafür andere Produkte verbraucht. Da jede Produktmenge, die verbraucht wird, auch erzeugt werden muß, stellen die sogenannten Bilanzgleichungen, in der Form Erzeugung minus Verbrauch größer gleich Null, die wesentlichen Restriktionsgleichungen dar. Diese Art der Restriktionsgleichung, als Ungleichung, läßt es im Energiesystem zu, daß mehr von einem Energieträger erzeugt werden kann, als im System verbraucht wird. Die Konstante der rechten Seite ist bei diesen Restriktionsgleichungen gleich Null.

Die Matrixkoeffizienten dieser Bilanzgleichungen ergeben sich aus den technologischen Daten der Energieträgerumwandlungen. Aus der Definition der Matrixkoeffizienten und der Festlegung ihrer Dimension ergeben sich auch die Dimensionen der Strukturvariablen und damit die Bedeutung des Begriffes Aktivität.

Andere Restriktionsgleichungen ergeben sich z.B. im Strom- oder Gassektor aus der Aufteilung in Grundlast, Mittelast und Spitzenlast. Eine vollständige Zusammenstellung aller Restriktionsgleichungen des Energiemodells MARNES ist im nächsten Kapitel beschrieben.

Auf zwei besondere Arten der Restriktionsgleichungen soll hier noch näher eingegangen werden.

Dies sind zum einen die als Bedarfsgleichungen bezeichneten Restriktionsgleichungen. Das Untersuchungsziel des Energiesystems im Energiemodell MARNES ist die Deckung des vorgegebenen Bedarfs. Zur Deckung des Bedarfs müssen Technologien, Systemelemente oder Strukturvariablen definiert werden, die den vorgegebenen Bedarf decken. Die Aktivitäten aller Technologien, die zur Deckung eines bestimmten Energiebedarfs z.B. des Haushaltes beitragen, müssen größer oder gleich dem für diesen Sektor vorgegebenen Bedarf sein. Diese Beziehung wird durch die sogenannten Bedarfsgleichungen ausgedrückt. Im Gegensatz zu den allgemeinen Bilanzgleichungen ist in diesen Gleichungen die Konstante der rechten Seite nicht gleich Null, sondern sie hat den Wert des vorgegebenen Bedarfs (in der geforderten Dimension).

Die zweite Form der Restriktionsgleichungen wird allgemein auch als Grenzwert der Strukturvariablen bezeichnet. Diese Restriktionsgleichungen gelten nur für eine Strukturvariable, d.h. in der linearen Gleichung auf der linken Seite kommt nur eine Strukturvariable vor. Die Konstante der rechten Seite dieser Restriktionsgleichung muß größer Null sein, da der zulässige Wertebereich der Strukturvariablen nur auf der positiven Zahlenskala liegt. Eine solche Restriktionsgleichung, oder anders ausgedrückt, ein solcher Grenzwert engt den zulässigen Wertebereich der betreffenden Strukturvariablen weiter ein. Solche Grenzwerte von bestimmten Strukturvariablen treten in dem Energiemodell MARNES z.B. dort auf, wo aus technologischen oder anderen Gründen die Aktivität einer Strukturvariablen, Technologie, nach oben beschränkt ist.

3.2.4 Mathematische Formulierung

Aus den bisherigen Ausführungen ergibt sich, daß im Rahmen der Systemanalyse das lineare Optimierungsproblem aus folgenden Teilen zusammengesetzt ist:

dem Auswahlkriterium,
den Systemelementen und
den Beziehungen, Relationen der Systemelemente untereinander.

Für die Anwendung der linearen Programmierung zur Lösung eines linearen Optimierungsproblems müssen diese Begriffe in folgende Definitionen umgeschrieben werden:

Zielfunktion
Strukturvariablen
Restriktionsgleichungen

Die lineare Programmierung erfordert nun, daß sowohl die Zielfunktion wie auch die Restriktionsgleichungen als lineare Funktionen in den Strukturvariablen formuliert werden. Dies bedeutet, daß bei der mathematischen Formulierung des linearen Optimierungsproblems folgende Daten, Koeffizienten oder Konstanten vorgegeben werden müssen:

Zielfunktionskoeffizienten
Matrixkoeffizienten
Konstanten der rechten Seite

Zu den Konstanten der rechten Seite sollen auch diejenigen Grenzwerte gezählt werden, die den zulässigen Wertebereich gewisser Strukturvariablen aus welchen Gründen auch immer einschränken sollen.

Damit ergibt sich für die Lösung eines linearen Optimierungsproblems die folgende Aufgabenstellung:

Gesucht sind Werte der Strukturvariablen, die

1. innerhalb des zulässigen Wertebereichs liegen,
2. den Satz der Restriktionsgleichungen befriedigen,
3. die Zielfunktion zu einem Optimum (Minimum oder Maximum) machen.

Die Anwendung der linearen Programmierung zur Lösung von linearen Optimierungsproblemen setzt voraus, daß aus der gestellten Themenstellung die erforderlichen mathematischen Formen und Daten abgeleitet werden. Bei dieser Umformung gibt es noch sehr viele Wahlmöglichkeiten, auch wenn die Aufgabenstellung sehr detailliert vorliegen sollte. Auf die Möglichkeit, das vorliegende Optimierungsproblem entweder als Minimum- oder Maximumproblem zu formulieren, wurde schon hingewiesen. Einen großen Spielraum bietet dann die Wahl der Strukturvariablen. Dabei geht es nicht nur darum, welcher Art die Systemelemente aus dem vorgegebenen System sein sollen, sondern auch darum, bis in welche Einzelheiten, Detailstrukturen, die Abbildung getrieben werden soll. So kann z.B. bei der Abbildung von Kernkraftwerken die Brennstoffherstellung, die Brennstoffaufbereitung direkt mit abgebildet werden, was im Energiemodell MARNES nicht gemacht wurde. Dasselbe gilt für die Restriktionsgleichungen. Welche Beziehungen und Relationen der Systemelemente alle berücksichtigt werden sollen, ist schwer allein von der Aufgabenstellung her abzuleiten. Die Restriktionsgleichungen sind das Kernstück der linearen Optimierung, und sie stellen den entscheidenden Einfluß auf das Systemverhalten dar. Dies kann soweit gehen, daß man mit entsprechenden Restriktionsgleichungen sogar die Zielfunktion wesentlich beeinflussen kann.

Je größer die Anzahl der Strukturvariablen und je feiner und umfassender die Restriktionsgleichungen gewählt werden, desto mehr Fragestellungen und Problemstellungen können auf der einen Seite auch mit demselben linearen Optimierungsansatz beantwortet werden. Auf der anderen Seite aber erfordert dies einen umso größeren Aufwand bei der Lösung und vor allem bei der Analyse der Lösung.

Aufgrund dieser verschiedenen Abbildungsmöglichkeiten kann es für dasselbe System mehrere verschiedene Formulierungen desselben Optimierungsproblems geben. Bezogen auf das Energiemodell MARNES, das das Energiesystem der Bundesrepublik beinhaltet, bedeutet dies, daß es noch weitere Energiemodelle anderer Forschungsgruppen gibt. Um die Unterschiede oder Differenzen dieser Energiemodelle untereinander bestimmen zu können, genügt es nicht, nur die Fragestellung der einzelnen Modelle zu vergleichen, vielmehr ist, wie im nächsten Kapitel beschrieben, ein Vergleich aller Detaildaten notwendig.

3.3 Lineare Gleichungssysteme

3.3.1 Darstellung eines linearen Gleichungssystems

Ein lineares Gleichungssystem mit n unbekannten Variablen und m Gleichungen kann in verschiedener Form mathematisch geschrieben werden.

$$\begin{array}{l} a_{11} \cdot x_1 + a_{12} \cdot x_2 + \ldots + a_{1n} \cdot x_n = b_1 \\ a_{21} \cdot x_1 + a_{22} \cdot x_2 + \ldots + a_{2n} \cdot x_n = b_2 \\ \vdots \\ a_{m1} \cdot x_1 + a_{m2} \cdot x_2 + \ldots + a_{mn} \cdot x_n = b_m \end{array}$$

Unter der Verwendung des Summenzeichens Σ lautet das lineare Gleichungssystem

$$\sum_{i=1}^{n} a_{ji} \cdot x_i = b_j \qquad (j=1,2,\ldots,m)$$

Dabei bezeichnen

- x_i die unbekannten Variablen
- a_{ji} die Matrixkoeffizienten
- b_j die Konstanten der rechten Seite.

Faßt man die Matrixkoeffizienten a_{ji} in der Matrix **A** und die Konstanten b_j in dem Vektor **b** zusammen, kann das lineare Gleichungssystem in der Form

$$\mathbf{A} \cdot \mathbf{x} = \mathbf{b}$$

geschrieben werden, wobei der Vektor $\mathbf{x} = (x_1, x_2, \ldots, x_n)$ die Unbekannten x_i umfaßt.
Alle drei Darstellungen sind identisch.
Die Aufgabe für das vorgegebene Gleichungssystem lautet:

> Bei vorgegebenen Matrixkoeffizienten a_{ji} und Konstanten b_j sind n Zahlenwerte $(x_1, x_2, \ldots, x_n)$ so zu bestimmen, daß alle m Gleichungen erfüllt sind.

Je nach der Anzahl der Unbekannten und Gleichungen wird das Gleichungssystem folgendermaßen bezeichnet:

Ist $m > n$, dann ist das Gleichungssystem überbestimmt.

Ist $m < n$, dann ist das Gleichungssystem unterbestimmt.

Ist $m = n$, dann ist das Gleichungssystem quadratisch.
Sind alle $b_j = 0$, dann ist das Gleichungssystem linear homogen.
Ist mindestens ein $b_j \neq 0$, dann ist das Gleichungssystem linear inhomogen.

Geometrisch stellt eine lineare Gleichung im zweidimensionalen Raum eine Gerade und im n-dimensionalen Raum eine Hyperebene dar.

Jedes lineare Optimierungsproblem führt zu einem unterbestimmten, linearen, inhomogenen Gleichungssystem. Die Dimension des Gleichungssystems ist gleich der Anzahl der Strukturvariablen. Seien m Restriktionsgleichungen gegeben, dann sind wegen der Einführung der m Schlupfvariablen $n + m$ Variablen (Unbekannte) bei m linear, inhomogenen Gleichungen vorhanden.

3.3.2 Lösungen eines linearen Gleichungssystems

Ein lineares Gleichungssystem (mit linear unabhängigen Gleichungen) hat entweder

- keine Lösung,
- eine eindeutige Lösung oder
- unendlich viele Lösungen.

o Keine Lösung:
Jedes überbestimmte Gleichungssystem ($m > n$) hat keine Lösung.

o Eindeutige Lösung:
Jedes lineare, homogene Gleichungssystem mit $m = n$ hat immer eine eindeutige Lösung, und zwar die triviale Lösung $x_i = 0$ $(i=1,2,...,n)$.
Jedes lineare, inhomogene Gleichungssystem mit $m = n$ hat dann und nur dann eine eindeutige Lösung, wenn

- die m Gleichungen linear unabhängig sind,
- der Rang der Koeffizientenmatrix **A** gleich dem Rang der um den Konstantenvektor **b** erweiterten Matrix A^b ist.
  Also $R(A) = R(A^b) = n$

o Unendlich viele Lösungen:
  Jedes unterbestimmte Gleichungssystem ($m' < n$) hat immer unendlich viele Lösungen.

3.3.3 Lösungsmethoden eines linearen Gleichungssystems

Das Gaußsche Eliminationsverfahren

Es gibt zur Lösung eines linearen Gleichungssystems mehrere Verfahren. Für die Beschreibung des Simplexverfahrens ist die Methode der Gaußschen Elimination am geeignetsten. Das Gaußsche Eliminationsverfahren beruht auf den zwei Umrechnungsregeln für lineare Gleichungssysteme:

o Jede Gleichung eines linearen Gleichungssystems kann mit einem beliebigen Faktor multipliziert werden, ohne die Lösung des linearen Gleichungssystems zu verändern.

o Zu jeder Gleichung eines linearen Gleichungssystems kann das beliebige Vielfache einer anderen oder mehrerer Gleichungen addiert oder subtrahiert werden.

Mit diesen Umrechnungsmöglichkeiten wird bei dem Gaußschen Eliminationsverfahren das ursprüngliche lineare Gleichungssystem so umgeformt, daß

1. in jeder Gleichung eine Variable mit dem Koeffizientenwert 1 steht und
2. diese Variable in allen anderen Gleichungen des linearen Gleichungssystems nicht mehr vorkommt.

Um dieses Ziel zu erreichen, müssen folgende Schritte durchgeführt werden:

1. Auswahl der Gleichung und der Variablen.
   (z.B. $j = 1$; $i = 1$; x_1 mit $a_{11} \neq 0$)
2. Multiplikation der j-ten Gleichung ($j = 1$) mit dem Koeffizienten $1/a_{ji}$ ($j = 1$; $i = 1$; $a_{ji} = a_{11}$).
3. Entfernung der ausgewählten Variablen x_i ($i = 1$) aus allen anderen j Gleichungen (außer $j = 1$). Dies erreicht man z.B. für die q-te Gleichung durch Multiplikation der ausgewählten Gleichung ($j = 1$) mit dem Koeffizienten der ausgewählten Variablen x_i der q-ten Gleichung a_{qi}/a_{11} ($i = 1$) und Subtraktion von der q-ten Gleichung.

Besteht das vorgegebene, lineare Gleichungssystem aus m Gleichungen, dann müssen die Schritte 1 bis 3 m-mal wiederholt werden für n Variablen und m Gleichungen. Ist $m = n$, dann lautet die Endform des Gaußschen Eliminationsverfahrens, sofern die m Gleichungen linear unabhängig sind:

$$\begin{array}{llllll} 1 \cdot x_1 & & & & & = b^0_1 \\ & 1 \cdot x_2 & & & & = b^0_2 \\ & & \cdot & & & = . \\ & & & \cdot & & = . \\ & & & & \cdot & = . \\ & & & & 1 \cdot x_n & = b^0_m \end{array}$$

Aus dieser Endform können die n gesuchten Werte für die n Variablen direkt abgelesen werden. Diese Werte stellen dann die Lösung des vorgegebenen linearen Gleichungssystems dar, da bei der Umrechnung des Ausgangssystems in die Gaußsche Endform nur Umrechnungen verwendet werden, die die Lösung des Gleichungssystems nicht verändern.

In einem unterbestimmten Gleichungssystem ($m < n$) gibt es weniger Gleichungen als Unbekannte. Zur Umformung des Gleichungssystems nach dem Gaußschen Eliminationsverfahren stehen nur m Gleichungen zur Verfügung, und es können daher nur m Unbekannte in die obige Endform gebracht werden. Die restlichen $n - m$ Unbekannten können aus den m Gleichungen nicht eliminiert werden. In diesem Fall lautet die Endform, wenn die ersten $1,2,\ldots,m$ Unbekannten ausgewählt werden, wie folgt:

$$
\begin{aligned}
1\cdot x_1 \qquad\qquad & + \sum_{r=m+1}^{n} a^0_{1r}\cdot x_r = b^0_1 \\
1\cdot x_2 \qquad & + \sum_{r=m+1}^{n} a^0_{2r}\cdot x_r = b^0_2 \\
\cdot \qquad & \qquad \cdot \quad = \cdot \\
\cdot \quad & \qquad \cdot \quad = \cdot \\
\cdot \; & \qquad \cdot \quad = \cdot \\
1\cdot x_m & + \sum_{r=m+1}^{n} a^0_{mr}\cdot x_r = b^0_m
\end{aligned}
$$

Für jeden beliebigen Wert der n - m Unbekannten x_r (mit $r \geq m + 1$) können aus den m Gleichungen m Werte für die m Unbekannten $(x_1,x_2,...,x_m)$ berechnet werden, die dann eine Lösung des ursprünglichen, linearen Gleichungssystems darstellen. Es gibt daher unendlich viele Lösungen. Die ausgewählten m Unbekannten $(x_1,x_2,...,x_m)$ werden als Basisvariablen der unendlich vielen Lösungen bezeichnet und die übrigen n - m Unbekannten als Nichtbasisvariablen. Die Gesamtlösung, bestehend aus allen unendlich vielen Lösungen, ist nicht von der Auswahl der Basis abhängig. D.h. jedes beliebige m-Tupel von Unbekannten aus der gesamten Anzahl der n Unbekannten bildet eine Basis, die immer dieselbe Gesamtlösung bildet.

3.3.4 Beispiel zum Gaußschen Eliminationsverfahren

Nachfolgend wird das Gaußsche Eliminationsverfahren an zwei einfachen Beispielen erläutert. Auf der linken Seite werden mit Hilfe von römischen Ziffern die Rechenoperationen angegeben.

Beispiel 1:

I	$2x_1+2x_2+2x_3=14$
II	$x_1 \quad -3x_3= 1$
III	$2x_1-2x_2+5x_3= 9$

I' =1/2I	$x_1 + x_2 + x_3 = 7$
II' =II-I'	$-x_2 - 4x_3 = -6$
III'=III-I	$-4x_2 + 3x_3 = -5$

I'' =I'+II'	$x_1 \quad - 3x_3 = 1$
II'' =-II'	$x_2 + 4x_3 = 6$
III''=III'+4II''	$19x_3 = 19$

I''' =I''+3/19III''	$x_1 = 4$
II''' =II''-4/19III''	$x_2 = 2$
III'''=1/19III''	$x_3 = 1$

Beispiel 2:

I	$x_1 + 3x_2 - 2x_3 = -8$
II	$2x_1 + x_2 + x_3 = 9$
III	$-x_1 + 7x_2 - 8x_3 = -42$

I' =I	$x_1 + 3x_2 - 2x_3 = -8$
II' =II-2I	$-5x_2 + 5x_3 = 25$
III'=III+I	$10x_2 - 10x_3 = -50$

I'' =I'+3/5II'	$x_1 \quad + x_3 = 7$
II'' =-1/5II'	$x_2 - x_3 = -5$
III''=III'+2II'	$0x_3 = 0$

Die drei Gleichungen sind nicht linear unabhängig. Zwischen den drei Gleichungen besteht folgende Relation:

III = 3 I - 2 II

3.4 Das Simplexverfahren

3.4.1 Mathematische Formulierung eines linearen Optimierungsproblems

Ein lineares Optimierungsproblem besteht aus drei Teilen. Diese sind:

1. Die lineare Zielfunktion.

$$\sum_{i=1}^{n} c_i \cdot x_i \rightarrow \min$$

2. Die linearen Restriktionsgleichungen.

$$\sum_{i=1}^{n} a_{ji} \cdot x_i \geq b_j \qquad (j=1,2,\ldots,m)$$

3. Die Nichtnegativitätsbedingungen bzw. Schranken.

$$x_i \geq 0 \qquad (i=1,2,\ldots,n)$$

oder

$$UL_i \geq x_i \geq LL_i \geq 0 \qquad (i=1,2,\ldots,n)$$

Dabei bedeuten:

x_i = Strukturvariable
c_i = Zielfunktionskoeffizient
a_{ji} = Matrixkoeffizient
b_j = Konstante der rechten Seite
UL_i = obere Schranke
LL_i = untere Schranke

Als Optimierungsproblem wird im folgenden immer Minimierung vorausgesetzt. Die Restriktionsgleichungen (Ungleichungen) werden immer in der Form ≥ angenommen.

Durch Einführung der Schlupfvariablen y_j in die Restriktionsgleichungen werden diese in echte Gleichungen umgewandelt.

$$y_j + \sum_{i=1}^{n} a_{ji} \cdot x_i = b_j \qquad (j=1,2,\ldots,m)$$

Das Vorzeichen der Schlupfvariablen y_j wird hier immer als positiv angenommen.

Für die Schlupfvariablen gelten ebenfalls die Nichtnegativitätsbedingungen, d.h.

$$y_j \geq 0 \qquad (j=1,2,\ldots,m)$$

Damit lautet die mathematische Formulierung für das umgewandelte lineare Optimierungsproblem:

$$\sum_{i=1}^{n} c_i \cdot x_i \rightarrow \min$$ Zielfunktion

$$y_j + \sum_{i=1}^{n} a_{ji} \cdot x_i = b_j \qquad (j=1,2,\ldots,m)$$ Restriktionsgleichungen

$$x_i, y_j \geq 0 \qquad (i=1,2,\ldots,n) \quad (j=1,2,\ldots,m)$$ Nichtnegativitätsbedingungen

Das lineare Gleichungssystem der Restriktionsgleichungen ist immer unterbestimmt, denn es enthält n + m Unbekannte und m Gleichungen, daher gilt immer $n + m > m$. Die Dimension des linearen Optimierungsproblems ist immer n.

3.4.2 Lineares Optimierungsproblem im zweidimensionalen Raum

Ein lineares Optimierungsproblem im zweidimensionalen Raum hat die Dimension 2 und daher zwei Strukturvariablen x_1, x_2. Die lineare Zielfunktion lautet in diesem Fall:

$$c_1 \cdot x_1 + c_2 \cdot x_2 \rightarrow \min$$

Angenommen, es gibt drei Restriktionsgleichungen, dann lautet das umgeformte Gleichungssystem:

$$y_1 + a_{11} \cdot x_1 + a_{12} \cdot x_2 = b_1$$
$$y_2 + a_{21} \cdot x_1 + a_{22} \cdot x_2 = b_2$$
$$y_3 + a_{31} \cdot x_1 + a_{32} \cdot x_2 = b_3$$

Für die Struktur- und Schlupfvariablen gelten die Nichtnegativitätsbedingungen:

$$x_1, x_2, y_1, y_2, y_3 \geq 0$$

In der Abbildung 1 ist ein Zahlenbeispiel graphisch dargestellt.

Jede Restriktionsgleichung stellt im zweidimensionalen Raum eine Gerade dar. Entsprechend der Ungleichungen ($\geq$) liegen alle Lösungspunkte innerhalb der schraffierten Fläche. Die Strukturvariablen x_1, x_2 bilden die Koordinatenachsen und stellen Geraden dar, die wegen der Nichtnegativitätsbedingungen den Lösungsraum ebenfalls begrenzen. Zum Lösungsraum, Lösungskörper, gehören auch alle Randpunkte. Ein Randpunkt auf der Geraden, Restriktionsgleichung, N1 z.B. ist dadurch gekennzeichnet, daß die dazugehörende Schlupfvariable y_1 gleich Null ist. Liegt der Randpunkt auf der Koordinatenachse x_1, dann ist er dadurch gekennzeichnet, daß $x_2 = 0$ ist, da x_1 lotrecht auf x_2 steht.

Wie die Restriktionsgleichungen stellt auch die Zielfunktion eine Gerade im zweidimensionalen Raum dar. Die Optimierungsaufgabe besteht

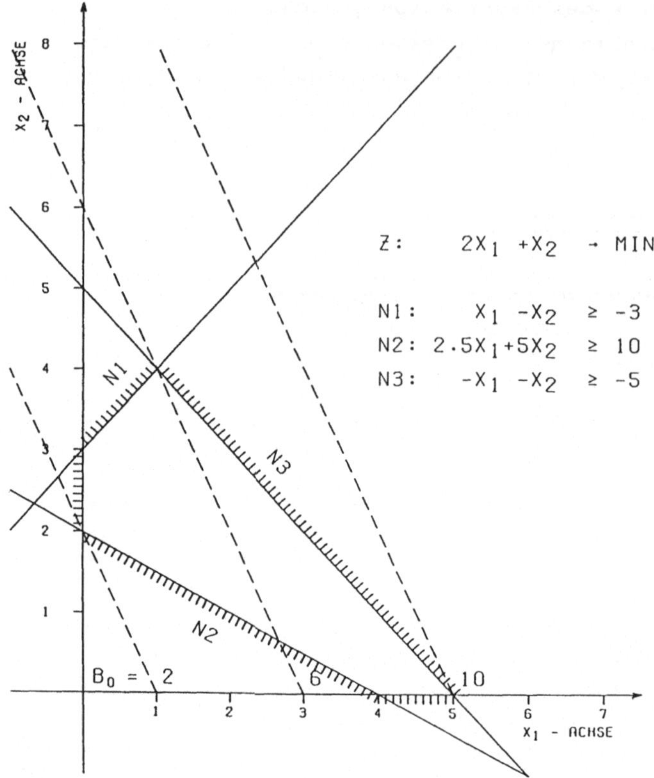

Abb. 1: Beispiel eines zweidimensionalen Problems

nun darin, denjenigen Wert der Konstanten der rechten Seite der Zielfunktion zu finden, der am kleinsten ist (Minimum), wobei die Zielfunktionsgerade noch durch einen Punkt des Lösungskörpers verläuft. In Abbildung 1 sind mehrere parallele Zielfunktionsgeraden eingezeichnet. Aus der graphischen Darstellung lassen sich zwei Grundregeln leicht ableiten:

1. Eine Änderung der Konstanten der rechten Seite einer linearen Gleichung bedeutet eine Parallelverschiebung der Geraden.
2. Eine Änderung der Koeffizienten (Zielfunktionskoeffizienten, Matrixkoeffizienten) einer linearen Gleichung bedeutet eine Drehung der Geraden.

Im folgenden wird eine Erhöhung der Konstanten der rechten Seite einer linearen Gleichung als eine Parallelverschiebung nach "rechts" und entsprechend eine Erniedrigung als eine Parallelverschiebung nach "links" bezeichnet. Bei der Drehung gibt es ebenfalls zwei Richtungen nach "rechts" im Uhrzeigersinn und nach "links" gegen den Uhrzeigersinn.

Aus der Abbildung 1 ersieht man leicht, daß das gesuchte Optimum, in diesem Fall ein Minimum, dadurch erreicht wird, daß die Gerade der Zielfunktion solange nach "links" verschoben wird, bis der linke Eckpunkt des Lösungskörpers erreicht wird. Dieser Eckpunkt stellt dann die optimale Lösung, den optimalen Lösungspunkt, dar. Dieser Lösungspunkt gehört zum Lösungskörper, er erfüllt daher das Gleichungssystem und die Nichtnegativitätsbedingungen, und er macht die Zielfunktion zu einem Minimum, d.h. die Konstante der rechten Seite der Zielfunktion nimmt in diesem Lösungspunkt ihren minimal möglichen Wert an.

Aus der graphischen Darstellung des Beispiels ergibt sich die für das Simplexverfahren wesentliche Forderung, daß der gesuchte optimale Lösungspunkt immer ein Eckpunkt - im Normalfall, im Fall der Entartung eine Kante oder im mehrdimensionalen Fall eine Hyperebene - ist.

Im zweidimensionalen Raum wird ein Punkt durch den Schnittpunkt zweier, nichtparalleler Geraden bestimmt. Da dieser Punkt beide Geradengleichungen erfüllt, bedeutet dies, wenn die Geraden Restriktionsgleichungen sind, daß diese Ungleichungen exakte Gleichungen werden und daß die Schlupfvariablen immer den Wert Null annehmen.

Ist eine der den Schnittpunkt bestimmenden Geraden eine Koordinatenachse, die eine Strukturvariable repräsentiert, dann liegt der gesuchte Punkt auf dieser Koordinatenachse. Daraus folgt, daß die andere Koordinatenachse darstellende Strukturvariable gleich Null sein muß. Anders ausgedrückt, wenn eine Strukturvariable in der optimalen Lösung den Wert Null hat oder an einer ihrer Schranken ist, liegt der gesuchte optimale Lösungspunkt auf der dazugehörenden senkrechten Fläche im Koordinatenursprung oder dem Wert ihrer Schranke. Im zweidimensionalen Raum bedeutet dies, wenn der gesuchte optimale Lösungspunkt z.B. auf der x_1-Achse liegt, daß die Strukturvariable $x_2 = 0$ sein muß.

3.4.3 Das Starttableau

Bevor das Simplexverfahren für n-dimensionale, lineare Optimierungsprobleme diskutiert werden soll, soll hier eine in der linearen Optimierungstheorie häufig angewandte andere Schreibweise des linearen Optimierungsproblems eingeführt werden.

Ausgehend von der allgemeinen Darstellung eines linearen Optimierungsproblems der Form

$$\sum_{i=1}^{n} c_i \cdot x_i \rightarrow \min$$

$$y_j + \sum_{i=1}^{n} a_{ji} \cdot x_i = b_j \qquad (j=1,2,\ldots,m)$$

$$x_i, y_j \geq 0 \qquad (i=1,2,\ldots,n) \quad (j=1,2,\ldots,m)$$

wird das Gleichungssystem zusammen mit der Zielfunktion in Form einer Tabelle mit Zeilen und Spalten umgeschrieben.

In der ersten Zeile der Tabelle (Abbildung 2) werden alle Strukturva-

	x_1	x_2	.	.	.	.	x_n	
z	c_1	c_2	.	.	.	.	c_n	$b_0=0$
y_1	a_{11}	a_{12}	.	.	.	.	a_{1n}	b_1
y_2	a_{21}	a_{22}	.	.	.	.	a_{2n}	b_2
.	.	.	.	.	.	.	.	.
.	.	.	.	.	.	.	.	.
.	.	.	.	.	.	.	.	.
.	.	.	.	.	.	.	.	.
y_m	a_{m1}	a_{m2}	.	.	.	.	a_{mn}	b_m

Abb. 2: Das Starttableau

riablen aufgeführt. Als zweite Zeile wird die Zielfunktion eingetragen, in Analogie zu den Restriktionsgleichungen mit einer Konstanten auf der rechten Seite und einer Art Schlupfvariablen. Die erste Spalte enthält alle Schlupfvariablen und die letzte Spalte alle Konstanten der rechten Seite der Restriktionsgleichungen. Diese Tabelle stellt nur eine vereinfachte Form des ursprünglichen Gleichungssystems dar und ist genau als Gleichungssystem interpretierbar.

Vergleicht man diese Tabelle mit der Endform beim Gaußschen Eliminationsverfahren, so ist diese Tabelle mit der Endform identisch. Jede Schlupfvariable kommt nur in einer Gleichung mit dem Koeffizienten 1 vor. Daher wird die erste Spalte als Basis, die Variablen als Basisvariablen und die erste Zeile als Nichtbasis, die Variablen als Nichtbasisvariablen bezeichnet.

Das Starttableau der linearen Optimierung ist somit schon die Endform des Gaußschen Eliminationsverfahrens. Daraus folgt, daß für alle Nichtbasisvariablen jeder Wert der reellen Zahlenskala eingesetzt werden kann und daß dann die berechneten Werte der Basisvariablen, die sich aus den Gleichungen ergeben, eine Lösung des Gleichungssystems darstellen. Es gibt somit unendlich viele Lösungen. Von diesen unendlich vielen Lösungen ist für die lineare Programmierung jedoch nur eine einzige Lösung, nämlich der gesuchte optimale Lösungspunkt, von Bedeutung.

Im n-dimensionalen Raum, bei einem n-dimensionalen, linearen Optimierungsproblem, ist ein Punkt als Schnittpunkt von n Hyperebenen bestimmt. Jede der Nichtbasisvariablen, deren Anzahl genau gleich n ist, stellt eine Hyperebene dar. Der gesuchte optimale Punkt, der optimale Lösungspunkt, ist somit der Schnittpunkt der n Hyperebenen, d.h. der optimale Lösungspunkt liegt auf allen n Hyperebenen. Wenn eine der n Hyperebenen eine Restriktionsgleichung darstellt, muß die dazugehörende Schlupfvariable einen Aktivitätswert gleich Null haben. Stellt die Hyperebene eine Koordinatenachse dar, muß die dazugehörende Strukturvariable einen Aktivitätswert gleich Null oder gleich dem Wert einer ihrer Schranken haben. Aus dem zulässigen Wertebereich, der reellen Zahlenskala, wird für die Nichtbasisvariablen nur ein Wert ausgewählt, der für Schlupfvariablen immer gleich Null und für Strukturvariablen gleich einem ihrer Schranken oder Null ist. Durch diese Auswahl erhält man immer einen Eckpunkt des Lösungskörpers.

Das Starttableau der linearen Programmierung ist somit dadurch gekennzeichnet, daß alle Schlupfvariablen als Basisvariablen und alle Strukturvariablen als Nichtbasisvariablen mit dem Wert Null (oder dem Wert einer ihrer Schranken) betrachtet werden. Mit anderen Worten, der Startpunkt der linearen Programmierung ist immer der Koordinatenursprung.

3.4.4 Bezeichnungen der Variablen

Bevor das Simplexverfahren weiter diskutiert wird, ist es notwendig, die gewählte Kennzeichnung der Variablen in den verschiedenen, folgenden Tableaudarstellungen zu erläutern. Dies ist aus folgenden Gründen erforderlich: Zum einen müssen in den Tableaus die Variablen nach Struktur- und Schlupfvariablen unterschieden werden, zum anderen benötigt man eine Einteilung der Variablen nach ihrer Stellung im Tableau nach Basis- und Nichtbasisvariablen.

Gegeben sei ein n-dimensionales, lineares Optimierungsproblem mit m Restriktionsgleichungen. Somit gibt es

n Strukturvariable $x_1, x_2, \dots, x_n$
m Schlupfvariable $y_1, y_2, \dots, y_m$

Insgesamt gibt es somit n + m Variablen.
Zählt man die Schlupfvariablen von n + 1 bis n + m durch, also

$$(y_1, y_2, \dots, y_m) = (y_{n+1}, y_{n+2}, \dots, y_{n+m})$$

und führt für die Struktur- und Schlupfvariablen denselben Variablennamen v ein, dann ist die Menge der n + m Variablen gleich

$$v_k \quad (k=1,2,\dots,n+m)$$

Ist $k_1 > n$, dann stellt die Variable v_{k1} eine Schlupfvariable dar und ist $k_2 \leq n$, dann ist die Variable v_{k2} eine Strukturvariable. Das Tableau dieses linearen Optimierungsproblems enthält n Spalten und m Zeilen, ausschließlich der Zeile der Zielfunktion. Die n + m Variablen v_k werden in n Nichtbasisvariablen und m Basisvariablen eingeteilt, wobei die Bedeutung der n + m Variablen v_k als Struktur- bzw. Schlupfvariablen zunächst keine Rolle spielt.

Bei der Analyse ist es jedoch unumgänglich zu wissen, ob die Nichtbasisvariable z.B. eine Struktur- oder Schlupfvariable ist. Um dies zu erreichen, wird für die Kennzeichnung der Nichtbasisvariablen ein Vektor **s** mit n Elementen s_u $(u=1,2,...,n)$ eingeführt. Der Index u bezeichnet dabei die Spaltennummer.

Analog dazu wird zur Kennzeichnung der Basisvariablen ein Vektor mit m Elementen r_t $(t=1,2,...,m)$ eingeführt. Der Index t bezeichnet dabei die Zeilennummer im Tableau. Die Zielfunktion steht im Tableau in der Zeile 0. Der Zahlenwert der Vektorelemente s_u $(u=1,2,...,n)$ und r_t $(t=1,2,...,m)$ ergibt sich aus folgender Vereinbarung:

Am Anfang, im Starttableau, sind alle Nichtbasisvariablen Strukturvariablen, d.h. es gilt

$$(s_1,s_2,...,s_n) = (1,2,...,n)$$

und alle Basisvariablen Schlupfvariablen, d.h. es gilt

$$(r_1,r_2,...,r_m) = (n+1,n+2,...,n+m)$$

Wird bei der Ausführung des Simplexverfahrens ein Basiswechsel notwendig, dann wird eine Nichtbasisvariable zur Basisvariablen und eine Basisvariable zur Nichtbasisvariablen. Diese beiden Variablen vertauschen dann im Tableau ihre Plätze: Sei v_{sq} die Nichtbasisvariable, die ausgetauscht werden soll, also die Variable in der q-ten Spalte des Tableaus und v_{rp} sei die Basisvariable, die die Basis verlassen soll, also die Variable in der p-ten Zeile des Tableaus. Bei diesem Austausch wird der Zahlenwert der beiden Vektorelemente s_q und r_p ebenfalls ausgetauscht, d.h.

$$s_q = r_p$$
$$r_p = s_q$$

Damit ergibt sich folgende Kennzeichnung der Variablen im Tableau:

v_{sq} = Nichtbasisvariable der q-ten Spalte im Tableau
$s_q > n$ = Schlupfvariable
$s_q \leq n$ = Strukturvariable

v_{rp} = Basisvariable der p-ten Zeile im Tableau
$r_p > n$ = Schlupfvariable
$r_p \leq n$ = Strukturvariable

Soll der Zusammenhang zwischen den ursprünglichen Variablen x_i, y_j und den Variablen des Tableaus v_{rp}, v_{sq} besonders hervorgehoben werden, dann wird folgende Bezeichnung gewählt:

$v_{rp=i} \equiv x_i$ (Struktur-Basisvariable)
$v_{sq=i} \equiv x_i$ (Struktur-Nichtbasisvariable)
$v_{rp=j} \equiv y_j$ (Schlupf-Basisvariable)
$v_{sq=j} \equiv y_j$ (Schlupf-Nichtbasisvariable)

3.4.5 Zulässigkeit (Feasibility)

Das Simplexverfahren kann in zwei Teile gegliedert werden. Der erste Teil erzeugt eine zulässige (feasible) Lösung und der zweite eine optimale Lösung.

Eine Lösung wird zulässig genannt, wenn der Lösungspunkt innerhalb oder auf dem Rande des Lösungskörpers liegt, also das Gleichungssystem erfüllt, und wenn zusätzlich die Nichtnegativitätsbedingungen eingehalten sind.

Der Startpunkt der linearen Programmierung, des Simplexverfahrens, ist das Starttableau, d.h. der Koordinatenursprung. Bei Minimierungsproblemen ist aber der Koordinatenursprung in der Regel kein Lösungspunkt des Lösungskörpers. Denn der Koordinatenursprung ist der Punkt, in dem alle Strukturvariablen gleich Null sind (abgesehen von eventuell vorhandenen Schranken). Daher ist der Wert der Zielfunktion auch Null, also ein Minimum, und dies stellt die triviale Lösung dar.

Schließt man die triviale Lösung aus, dann ist der Koordinatenursprung kein Lösungspunkt. In diesem Falle ist zwar durch das Starttableau das Gleichungssystem gelöst, aber mindestens eine Nichtnegativitätsbedingung muß verletzt sein. Aus dem Starttableau ergibt sich daher, daß mindestens eine Konstante b_j der rechten Seite der Restriktionsgleichungen kleiner Null sein muß und damit eine Schlupfvariable die Nichtnegativitätsbedingung verletzt.

Bei der Erläuterung des Gaußschen Eliminationsverfahren wurde darauf hingewiesen, daß die Lösung eines unterbestimmten, linearen Gleichungssystems nicht von der Auswahl der Basis abhängt. Daraus ergibt sich, daß durch Änderung der Basis, der Basisvariablen, eine zulässige Lösung erreicht werden kann.

Bei einem n-dimensionalen, linearen Optimierungsproblem mit m Restriktionsgleichungen ist die Anzahl der Basisvariablen immer m und die Anzahl der Nichtbasisvariablen immer n. Daher bedeutet die Änderung der Basis, daß eine Basisvariable gegen eine Nichtbasisvariable ausgetauscht werden muß. Wenn aber eine Nichtbasisvariable in die Basis gebracht wird und dafür eine Basisvariable zur Nichtbasisvariablen gemacht werden soll, bedeutet dies, daß sich auch der Schnittpunkt der durch die Nichtbasisvariablen dargestellten Hyperebenen verändert, und zwar wird ein neuer Eckpunkt des Lösungskörpers erreicht. Der Austausch einer Basisvariablen gegen eine Nichtbasisvariable stellt das wesentliche Prinzip des Simplexverfahrens dar, wobei die notwendigen Umrechnungen genau den Rechenschritten des Gaußschen Eliminationsverfahrens entsprechen.

Um vom Starttableau zu einer zulässigen Lösung zu gelangen, müssen daher ein oder mehrere Basiswechsel vorgenommen werden. Dafür gibt es unterschiedliche Verfahren, die im Prinzip jedoch alle mit dem Verfahren der Optimalität der Lösung vergleichbar sind, das im nächsten Abschnitt ausführlich diskutiert wird.

Das Kriterium für eine zulässige (feasible) Lösung ist, daß alle b_j aller Basisvariablen größer oder gleich Null sind.

3.4.6 Optimalität

Wenn die Lösung zulässig geworden ist, bedeutet dies, daß der Lösungspunkt ein Eckpunkt des Lösungskörpers ist. Die Optimalität besteht nun darin, denjenigen Eckpunkt des Lösungskörpers zu finden, der die Zielfunktion optimiert, bei Minimierungsproblemen also minimiert.

Bei großen Optimierungsproblemen, d.h. bei Problemen mit einer großen Anzahl von Strukturvariablen und Restriktionsgleichungen, kann der zulässige Lösungskörper sehr viele Eckpunkte besitzen. Das Simplexverfahren ist jedoch in der Lage, durch geeignete Auswahlkriterien der auszuwählenden Basis- bzw. Nichtbasisvariablen, die gegeneinander ausgetauscht werden sollen, ohne die Berechnung aller Eckpunkte, den gesuchten optimalen Eckpunkt zu finden.

Das Verfahren kann in mehrere, sich wiederholende Schritte unterteilt werden. (Im Abschn. 3.4.8 werden die folgenden Rechenschritte mit Hilfe der Tableaudarstellung nochmals zusammengefaßt.)

1. Schritt: Auswahl der Nichtbasisvariablen, die in die Basis eingeführt werden soll.
Der Aktivitätswert jeder Nichtbasisvariablen ist Null. Wenn der dazugehörende Zielfunktionskoeffizient negativ ist, dann könnte durch Erhöhung des Aktivitätswerte dieser Nichtbasisvariablen - über den Wert Null - der Wert der Zielfunktion erniedrigt werden. Somit ist das Kriterium zur Auswahl der Nichtbasisvariablen der am größten negative Zielfunktionskoeffizient aller Nichtbasisvariablen. Haben zwei oder mehrere Nichtbasisvariablen denselben negativen Zielfunktionskoeffizienten, so wird irgendeine davon ausgewählt.

2. Schritt: Auswahl der Basisvariablen, die die Basis verlassen soll.
Im 1. Schritt sei als Nichtbasisvariable die Variable v_{sq} ausgewählt worden. Wenn der Aktivitätswert dieser Nichtbasisvariablen über den Wert Null erhöht wird, ändern sich die Aktivitätswerte aller Basisvariablen v_{rt} ($t = 1,2,\ldots,m$). Um welchen Betrag und in welche Richtung (Erhöhung oder Erniedrigung) sich der Aktivitätswert einer Basisvariablen ändert, hängt von dem Matrixkoeffizienten der q-ten Spalte ab.

Betrachtet man die p-te Zeile des Tableaus, dann lautet diese p-te Zeile als lineare Gleichung geschrieben:

$$v_{rp} + \sum_{u=1}^{n} a_{pu} \cdot v_{su} = b_p$$

oder unter Hervorhebung der q-ten Spalte:

$$v_{rp} + \sum_{u=1}^{q-1} a_{pu} \cdot v_{su} + a_{pq} \cdot v_{sq} + \sum_{u=q+1}^{n} a_{pu} \cdot v_{su} = b_p$$

Da alle Nichtbasisvariablen außer der q-ten Nichtbasisvariablen Null sind, vereinfacht sich diese Gleichung zu:

$$v_{rp} + a_{pq} \cdot v_{sq} = b_p$$

oder

$$v_{rp} = b_p - a_{pq} \cdot v_{sq}$$

Wenn der Matrixkoeffizient $a_{pq} \geq 0$ ist, wird durch eine Erhöhung des Aktivitätswertes der Nichtbasisvariablen v_{sq} der Aktivitätswert der Basisvariablen erniedrigt. Ist der Matrixkoeffizient $a_{pq} < 0$, wird der Aktivitätswert der Basisvariablen erhöht.

Der Aktivitätswert jeder Basisvariablen v_{rt} $(t=1,2,...,m)$ muß aber wegen den Nichtnegativitätsbedingungen immer größer oder gleich Null sein (Zulässigkeit). Daraus ergibt sich für die Auswahl der Basisvariablen, die die Basis verlassen soll, folgendes Kriterium:

> Es wird diejenige Basisvariable ausgetauscht, die als erste bei einer Erhöhung des Aktivitätswertes der Nichtbasisvariablen v_{sq} den Aktivitätswert Null erreicht.

Für eine beliebige Zeile t lautet das Kriterium, wenn der entsprechende Matrixkoeffizient $a_{tq} \geq 0$ ist:

$$v_{rt} = b_t - a_{tq} \cdot v_{sq} = 0 \qquad (t=1,2,...,m)$$

oder

$$v_{sq} = b_t / a_{tq} \qquad \text{mit } v_{sq} > 0$$

Der Quotient b_t/a_{tq} gibt an, um welchen Betrag die Nichtbasisvariable v_{sq} erhöht werden kann, bis die Basisvariable v_{rt} den Aktivitätswert Null erreicht. Die erste Basisvariable, die bei Erhöhung des Aktivitätswerte der Nichtbasisvariablen v_{sq} zu Null wird, ist diejenige Basisvariable, deren Quotient b_t/a_{tq} den kleinsten, positiven Wert besitzt. Daher lautet die Rechenvorschrift zur Auswahl der Basisvariablen:

$$\underset{\substack{a_{tq} \geq 0 \\ (t=1,2,\ldots,m)}}{\text{MIN}} \left[\frac{b_t}{a_{tq}} \right]$$

Im folgenden wird angenommen, daß die ausgewählte Basisvariable v_{rp} ist.

Das Verfahren zur Auswahl der Nichtbasisvariablen und anschließend der Basisvariablen, die gegeneinander ausgetauscht werden sollen, wird als Pivotisierung und das dazugehörende Matrixelement a_{pq} als Pivotelement bezeichnet.

3. Schritt: Nach der Pivotisierung muß das Tableau umgerechnet werden. Diese Umrechnung erfolgt genau nach dem Gaußschen Eliminationsverfahren. Im Tableau stehen die Basisvariablen v_{rt} $(t=1,2,\ldots,m)$ in genau je einer Gleichung mit dem Koeffizienten 1. Die Nichtbasisvariable v_{sq}, die in die Basis eintreten soll, muß somit in genau einer Gleichung mit dem Koeffizienten 1 auftreten, und zwar in der Gleichung, deren Basisvariable die Basis verlassen soll, im vorliegenden Fall also die p-te Gleichung oder Zeile. Das entsprechende Matrixelement, das Pivotelement, a_{pq} muß zu eins gemacht werden. Dies wird erreicht, indem die p-te Zeile mit dem Faktor $1/a_{pq}$ multipliziert wird.

4. Schritt: Aus allen anderen Zeilen - außer der p-ten Zeile - muß die Nichtbasisvariable v_{sq} entfernt werden. D.h. die Matrixkoeffizienten der q-ten Spalte müssen - bis auf die p-te Zeile - zu Null gemacht werden. Dies wird erreicht, indem von der t-ten Zeile $(t=1,2,\ldots,m;\ t \neq p)$ die mit dem Faktor a_{tq}/a_{pq} multiplizierte p-te Zeile subtrahiert wird. Nach diesen Umformungen (3. und 4. Schritt) steht die Nichtbasisvariable v_{sq} nur noch in der p-ten Zeile

mit dem Koeffizienten 1 und wird somit zur Basisvariablen v_{rp}, und die bisherige Basisvariable v_{rp}, die jetzt in allen Zeilen der q-ten Spalte auftreten kann, wird zur Nichtbasisvariablen v_{sq} mit dem Aktivitätswert Null.

5. Schritt: Umrechnung der Zielfunktion.
Die zweite Zeile des Tableaus, die Zielfunktion, wird in genau derselben Weise umgerechnet wie die übrigen Zeilen (gemäß dem 4. Schritt).

Nach diesen 5 Umrechnungsschritten stellt das Tableau einen neuen Lösungseckpunkt dar. Diese 5 Schritte werden solange wiederholt, bis kein Zielfunktionskoeffizient mehr negativ ist. Wenn alle Zielfunktionskoeffizienten positiv sind, kann der Wert der Zielfunktion durch einen weiteren Basiswechsel nicht mehr weiter erniedrigt werden, d.h. die optimale Lösung ist erreicht.

Daher lautet das Kriterium für die Optimalität:

Alle Zielfunktionskoeffizienten c_{su} (u=1,2,...,n) müssen größer oder gleich Null sein.

3.4.7 Das Endtableau

Das Endtableau der optimalen Lösung hat die in Abbildung 3 dargestellte Form:

	v_{s1}	.	.	v_{sq}	.	.	v_{sn}	
z	c_{s1}	.	.	c_{sq}	.	.	c_{sn}	b_0
v_{r1}	a_{11}	.	.	a_{1q}	.	.	a_{1n}	b_1
.	.	.	.	.	.	.	.	.
.	.	.	.	.	.	.	.	.
v_{rp}	a_{p1}	.	.	a_{pq}	.	.	a_{pn}	b_p
.	.	.	.	.	.	.	.	.
.	.	.	.	.	.	.	.	.
v_{rm}	a_{m1}	.	.	a_{mq}	.	.	a_{mn}	b_m

Abb. 3: Das Endtableau

In der Literatur werden für die verschiedenen Größen des Endtableaus unter anderem folgende Bezeichnungen benutzt:

$v_{s1},\ldots,v_{sn}$	= Nichtbasisvariable
$c^\circ_{s1},\ldots,c^\circ_{sn}$	= Dualaktivitätswerte
für $sq \le n$	= reduced cost (Strukturvariable)
für $sq > n$	= Shadowprice (Schlupfvariable)
b°_o	= Zielfunktionswert, Objectfunctionvalue
$v_{r1},\ldots,v_{rm}$	= Basisvariable
$b^\circ_{r1},\ldots,b^\circ_{rm}$	= Aktivitätswert, activity
für $rp > n$	= slackactivity
a°_{tu} $(t=1,2,\ldots,m)$ $(u=1,2,\ldots,n)$	= Matrixkoeffizienten

3.4.8 Umrechnung des Tableaus

Durch die Darstellung des Tableaus können die Rechenschritte des Simplexverfahrens sehr leicht verdeutlicht werden. Sei v_{sq} die Nichtbasisvariable, die in die Basis eintreten soll, und v_{rp} die Basisvariable, die dafür die Basis verlassen soll, dann ist die q-te Spalte des Tableaus die Pivotspalte, die p-te Zeile die Pivotzeile und das Matrixelement a_{pq} das Pivotelement. Die in die Basis eingeführte Nichtbaisvariable tritt im Tableau an die Stelle der die Basis verlassenden Basisvariablen. Die neue Basisvariable ist dann $v_{(sq)rp}$. Sie kommt damit nur noch in einer Gleichung, der p-ten Zeile, mit dem Koeffizienten 1 vor. Aus allen anderen Gleichungen muß diese neue Basisvariable $v_{(sq)rp}$ entfernt werden, indem die Pivotspaltenelemente zu Null gemacht werden (außer dem Pivotelement selber). Damit wird diese Pivotspalte frei, und in diese Pivotspalte werden jetzt die Koeffizienten der neuen Nichtbasisvariablen $v_{(rp)sq}$ eingetragen, die damit im Tableau die Stelle der alten Nichtbasisvariablen einnimmt.

In der Abbildung 4 ist das Tableau vor der Umrechnung und in der Abbildung 5 nach der Umrechnung abgebildet. Die einzelnen Umrechnungsschritte können wie folgt zusammengefaßt werden:

1. Schritt: Das neue Pivotelement hat den Wert $1/a_{pq}$.

2. Schritt: Die Pivotzeile wird mit dem Faktor $1/a_{pq}$ multipliziert (mit Ausnahme des Pivotelements selber).

	v_{s1}	.	.	v_{sq}	.	.	v_{sn}	
z	c^0_{s1}	.	.	c^0_{sq}	.	.	c^0_{sn}	b^0_0
v_{r1}	a^0_{11}	.	.	a^0_{1q}	.	.	a^0_{1n}	b^0_1
.	.	.	.	.	.	.	.	.
.	.	.	.	.	.	.	.	.
v_{rp}	a^0_{p1}	.	.	a^0_{pq}	.	.	a^0_{pn}	b^0_p
.	.	.	.	.	.	.	.	.
.	.	.	.	.	.	.	.	.
v_{rm}	a^0_{m1}	.	.	a^0_{mq}	.	.	a^0_{mn}	b^0_m

Abb. 4: Das Tableau vor der Umrechnung

	v_{s1}	.	.	$v_{(rp)sq}$	.	.	v_{sn}	
z	c'_{s1}	.	.	$-c_{sq}/a_{pq}$	.	.	c'_{sn}	b'_0
v_{r1}	a'_{11}	.	.	$-a_{1q}/a_{pq}$	.	.	a'_{1n}	b'_1
.	.	.	.	.	.	.	.	.
.	.	.	.	.	.	.	.	.
$v_{(sq)rp}$	a_{p1}/a_{pq}	.	.	$1/a_{pq}$	.	.	a_{pn}/a_{pq}	b_p/a_{pq}
.	.	.	.	.	.	.	.	.
.	.	.	.	.	.	.	.	.
v_{rm}	a'_{m1}	.	.	$-a_{mq}/a_{pq}$	.	.	a'_{mn}	b'_m

Abb. 5: Das Tableau nach der Umrechnung

3\. Schritt: Die Elemente der Pivotspalte (mit Ausnahme des Pivotelementes) werden mit dem Faktor $-1/a_{pq}$ multipliziert.

4\. Schritt: Alle anderen Matrixkoeffizienten, die Zielfunktionskoeffizienten und die Konstanten der rechten Seite werden nach den folgenden Formeln umgerechnet:

Matrixkoeffizienten:

$$a'_{tu} = a_{tu} - a_{tq} \cdot a_{pu}/a_{pq}$$

$t = 1,2,\ldots,m \qquad t \neq p$

$u = 1,2,\ldots,n \qquad u \neq q$

Zielfunktionskoeffizienten:

$$c'_{su} = c_{su} - c_{sq} \cdot a_{pu}/a_{pq}$$

$u = 1,2,\ldots,n \qquad u \neq q$

Aktivitätswerte:

$$b'_t = b_t - b_p \cdot a_{tq}/a_{pq}$$

$t = 1,2,\ldots,m \qquad t \neq p$

Zielfunktionswert:

$$b'_0 = b^o_0 - b_p \cdot c_{sq}/a_{pq}$$

3.5 Ausführung der Optimierungsrechnungen

3.5.1 Simplexalgorithmus

Das Simplexverfahren, das im letzten Abschnitt näher beschrieben wurde, kann bei kleinen Optimierungsproblemen, bei geringer Anzahl der Optimierungsvariablen, direkt - sozusagen von Hand - angewandt werden. Es werden nur die einfachsten arithmetischen Rechenoperationen benötigt. Mit zunehmender Zahl der Optimierungsvariablen steigt der Rechenaufwand schnell beträchtlich an, und die Berechnung mit Hilfe eines Computers ist sehr vorteilhaft. Daher gibt es auch mehrere, kommerzielle Computerprogramme zur Berechnung von linearen Optimierungsproblemen, die alle auf dem Simplexverfahren beruhen. Die Form der Eingabe der Problemdaten und die Darstellungsweise der Ergebnisse sind in diesen Computerprogrammen sehr ähnlich. Es genügt daher, eine allgemeine Beschreibung der Eingabedaten zu geben, ohne auf einzelne Computerprogramme speziell eingehen zu müssen. Die Art der Rechenergebnisse und ihre Ausgabeform bei diesen Computerprogrammen wird später beschrieben. In den folgenden Ausführungen werden diese Computerprogramme zur Berechnung von linearen Optimierungsproblemen aufgrund des Simplexverfahrens abgekürzt als Optimierungsprogramme bezeichnet.

Die Eingabestruktur richtet sich ganz nach dem Tableauschema, dem Starttableau, das im Abschn. 3.4.3 beschrieben wurde. Hier sind die Zeilen die Restriktionsgleichungen und die Strukturvariablen die Spalten. In diesem Abschnitt wird immer bei der Diskussion der Problemdaten die Matrixstruktur unterstellt. D.h. es wird immer von Zeilen und Spalten gesprochen. Dabei ist aber, wie die Ausführungen über das Simplexverfahren gezeigt haben, die Bedeutung von Zeilen und Spalten am Anfang und am Ende der Optimierung verschieden. Aus diesem Grunde wurde im Abschn. 3.4.4 auch eine spezielle Nomenklatur zur Bezeichnung der Optimierungsvariablen eingeführt. Zum besseren Verständnis soll hier noch einmal kurz darauf hingewiesen werden.
Die Optimierungsvariablen werden einmal in Strukturvariablen, die Variablen der Zielfunktion, und in die Schlupfvariablen, gleichbedeutend mit den Restriktionsgleichungen, eingeteilt. Zum anderen werden die Optimierungsvariablen am Ende der Optimierung in Basisvariable und Nichtbasisvariable eingeteilt, je nachdem die Optimierungsvariable in der Matrix des Endtableaus als Zeile oder Spalte auftritt. Somit gibt es vier Typen von Optimierungsvariablen:

Strukturvariable - Basisvariable
Strukturvariable - Nichtbasisvariable
Schlupfvariable - Basisvariable
Schlupfvariable - Nichtbasisvariable

In den Beschreibungen zu den Optimierungsprogrammen werden meistens nur die Begriffe Zeile (Row) und Spalte (Column) verwendet.

Jede Optimierungsvariable muß einen eindeutigen Namen, in der Regel bis zu maximal 8 Buchstaben, besitzen. Dabei ist der Name einer Schlupfvariablen auch gleichzeitig der Name der dazugehörenden Restriktionsgleichung. In bezug auf die Matrixstruktur bedeutet dies, daß jede Zeile und jede Spalte der Matrix, des Tableaus, einen eindeutigen Namen tragen müssen. Durch diese Namensgebung können durch geeignete Bezeichnung die Struktur- und die Schlupfvariablen in den Ergebnislisten der Optimierungsprogrammen eindeutig unterschieden werden.

Die Eingabestruktur kann in 4 Bereiche unterteilt werden.

Als erstes muß die Form der Restriktionsgleichungen angegeben werden, d.h. die Art der Ungleichung, wobei auch exakte Gleichungen zugelassen sind. Da die Zielfunktion immer auch als eine Restriktionsgleichung betrachtet wird, müssen auch die Zielfunktionen, sofern mehrere definiert werden, hier aufgeführt werden mit einer besonderen Kennzeichnung. Bei einigen Computerprogrammen wird nur eine Form der Ungleichung zugelassen, d.h. alle Restriktionsgleichungen müssen, wenn sie Ungleichungen sind, z.B. vom Typ größer gleich ($\geq$) sein. Da aber jede Ungleichung durch Multiplikation mit dem Faktor -1 in eine Ungleichung des anderen Typs umgerechnet werden kann, stellt diese Forderung keine Einschränkung dar.

Als nächster Eingabebereich erfolgt die Angabe der Matrixkoeffizienten. Jeder Matrixkoeffizient ist durch die Angabe von zwei Namen, nämlich dem Namen der Strukturvariablen und dem Namen der Schlupfvariablen, bestimmt. Dabei müssen alle Koeffizienten einer Strukturvariablen zusammen eingegeben werden, und zwar in der Form "Strukturvariable Schlupfvariable Wert" usw.. Sofern eine Strukturvariable in einer Restriktionsgleichung nicht vorkommt, ihr Matrixkoeffizient bezüglich dieser Restriktionsgleichung also Null ist, so entfällt die Angabe dieses Matrixkoeffizienten. Es werden in der Eingabestruktur nur die Matrixkoeffizienten, die von Null verschieden sind, aufgeführt.

Die Werte der Konstanten der rechten Seite der Restriktionsgleichungen, sofern sie von Null verschieden sind, werden im dritten Eingabebereich angegeben. Die Zuordnung erfolgt über den Namen der zu der entsprechenden Restriktionsgleichung gehörenden Schlupfvariablen.

Der letzte Eingabebereich enthält die Angaben zu den Grenzwerten, Schranken, der Strukturvariablen. Da es sowohl eine untere, wie eine obere Schranke für eine Strukturvariable geben kann, muß die Eingabe neben dem Namen der Strukturvariablen, dem Wert der Schranke, noch den Typ der Schranke beinhalten. Dabei ist es auch zulässig, daß einer Strukturvariablen keine Schranke sondern ein fester Wert zugewiesen werden kann, d.h. der Wert für die obere und untere Schranke ist gleich.

Aus diesen Ausführungen über die Eingabestruktur für die Computerprogramme zur Lösung von linearen Optimierungsproblemen wird deutlich, daß bei großen Problemen, bei Problemen mit vielen Optimierungsvariablen, diese Eingabestruktur sehr umfangreich wird. Daher wird immer noch ein Computerprogramm, der Matrixgenerator, zur Vereinfachung der Eingabestruktur geschrieben.

3.5.2 Matrixgenerator

Während die Optimierungsprogramme generell zur Berechnung von linearen Optimierungsproblemen verwendet werden können, wird dieses Computerprogramm, der sogenannte Matrixgenerator, spezifisch für jedes einzelne lineare Optimierungsproblem geschrieben. Dieses Computerprogramm hat, wie schon der Name Matrixgenerator zum Ausdruck bringen soll, die Aufgabe, die Matrix, die zu diesem speziellen linearen Optimierungsproblem gehört, in die Eingabestruktur für das Optimierungsprogramm umzuschreiben. Der Matrixgenerator erzeugt also die Eingabe für das Optimierungsprogramm, das nach dem Simplexverfahren die eigentliche Berechnung ausführt. Da der Matrixgenerator eindeutig zu einem linearen Optimierungsproblem zugeordnet ist, wird dieser Matrixgenerator gewöhnlich auch mit dem Namen des Optimierungsproblems, dem Modell, bezeichnet. Dies trifft auch für das Energiemodell MARNES zu, d.h. der Name MARNES gilt auch für den dazugehörenden Matrixgenerator.

Prinzipiell kann dieser Matrixgenerator in jeder beliebigen Programmiersprache geschrieben werden. Es gibt jedoch einige kommerziell erhältliche Programmiersprachen, die speziell für die Aufgabe des Matrixgenerators entwickelt wurden. Eine davon ist die Programmiersprache OMNI, entwickelt von Haverly Systems Inc. Der Matrixgenerator MARNES ist in dieser Sprache geschrieben worden. Die Form des Eingabedatensatzes, der Problemdaten, umfaßt zwei Bereiche, die Klassen und die Tabellen. Mit Hilfe der Klassen, deren Elemente Buchstabenketten sind, können in sehr einfacher Weise Namen für die Optimierungsvariablen gebildet werden. Wie oben schon angedeutet wurde, ist es gerade bei großen Optimierungsproblemen mit vielen Variablen besonders für die Analyse der Ergebnisse sehr wichtig, nmemotechnische Namen für die Optimierungsvariablen auszuwählen. Die Tabellen enthalten in Matrixform die für die Berechnung der Matrixkoeffizienten, der Zielfunktionskoeffizienten, der Konstanten der rechten Seite und der Grenzwerte für Strukturvariablen notwendigen Angaben. Die Programmiersprache OMNI ermöglicht fast alle denkbaren arithmetischen Rechenoperationen, so daß auch komplexe Berechnungen möglich sind. Für jede Strukturvariable ist eine Tabelle erforderlich, und es erleichtert die Analyse der Optimierungsrechnung sehr, wenn in den Tabellen direkt der Wert des Koeffizienten bzw. der Konstanten der rechten Seite und der Grenzwerte eingetragen, also auf Umrechnungen verzichtet wird. Der Eingabedatensatz enthält neben den Klassen in den Tabellen alle Zahlenwerte für die lineare Optimierung. Dafür wurde im Abschn. 3.2.1 der Begriff Szenario eingeführt.

Die Form der Restriktionsgleichungen und der Zielfunktion ist im Matrixgenerator programmiert, und dafür wurde der Begriff Modell verwendet. Die Restriktionsgleichungen stellen systemanalytisch die Verknüpfungen, Verflechtungen der Systemelemente, und damit das Verhalten des Gesamtsystems dar.

Da der Matrixgenerator für das vorliegende, lineare Optimierungsproblem, Modellsystem, speziell entwickelt werden muß, kann der Eingabedatensatz auch in anderer als der oben beschriebenen Form strukturiert werden. Desgleichen kann der Matrixgenerator noch zusätzliche Programmpunkte wie z.B. Dimensionsumrechnungen, Einfügen von weiteren Restriktionsgleichungen in ein bestehendes Modell, Änderungen einzelner Restriktionsgleichungen und andere Hilfsmittel umfassen. Je umfangreicher diese Hilfsmittel innerhalb des Matrixgenerators sind, desto größer wird aber auch der Aufwand bei notwendigen Änderungen des Matrixgenerators.

3.5.3 Reportwriter

Das optimale Ergebnis einer Berechnung mittels des Simplexverfahrens ist im Endtableau enthalten. In der Regel besteht bei allen Optimierungsprogrammen die Möglichkeit, von den Werten des Endtableaus sich jeweils nur gezielte Werte ausdrucken zu lassen. Darauf wird ausführlich bei der Diskussion der Analysemöglichkeiten eingegangen. Es gibt nun verschiedene Gründe, weshalb die Größen im Endtableau nicht direkt zur Analyse der Optimierung im allgemeinen verwendet werden, sondern ein weiteres Computerprogramm, das üblicherweise als Reportwriter bezeichnet wird, erforderlich ist. Ein Grund sind die Umrechnungen in den Dimensionen. Der Reportwriter ist im gewissen Sinne die Umkehrung des Matrixgenerators. Wenn im Matrixgenerator die Werte der Koeffizienten und der anderen Zahlenwerte des Modells erst aus dem Eingabedatensatz berechnet werden müssen, dann muß man, um die Rechenergebnisse, die nur von den Zahlenwerten des Modells abhängen, richtig interpretieren zu können, diese wieder zurückrechnen. Dies kann man vermeiden, wenn man die für die Optimierung benötigten Zahlenwerte direkt in den Eingabedatensatz schreibt. Bei den Modellen der Energiesysteme ergibt sich schon aus Dimensionsgründen in den meisten Fällen die Notwendigkeit der Umrechnung. Das lineare Gleichungssystem enthält, vereinfacht ausgedrückt, nur eine Dimension. Dies bedeutet, da alle Energieträger in dem Modell berücksichtigt werden müssen, daß die für die einzelnen Energieträger gebräuchlichen Dimensionen umgerechnet werden müssen. Bei der Beschreibung der Zahlenwerte des Energiemodells MARNES im nächsten Kapitel werden die verschiedenen Umrechnungsfaktoren aufgeführt. Um die Rechenergebnisse besser verstehen zu können, ist es daher ratsam, die Werte in den bekannten Dimensionen darzustellen und sie daher in einem Reportwriter wieder umzurechnen.

Als weiteren Grund für die Notwendigkeit eines Reportwriters muß die Darstellung aggregierter Größen genannt werden. Die linearen Optimierungsmodelle des Energiesystems enthalten in der Regel sehr viele Optimierungsvariablen, d.h. das Energiesystem wird durch viele Systemelemente und damit zahlreiche Verknüpfungen unter den Systemelementen abgebildet. Die Darstellung der Ergebnisse aller Optimierungsvariablen wäre viel zu umfangreich. Daher müssen die Ergebnisse in aggregierten Größen zusammengefaßt werden, damit sie übersichtlich und leichter verständlich werden.

Der Reportwriter kann, wie der Matrixgenerator, in jeder beliebigen Computersprache geschrieben werden. Gewöhnlich wird er in derselben Sprache erstellt wie der Matrixgenerator.

Im Falle des Energiemodells MARNES wurde der Reportwriter abweichend vom Matrixgenerator, der in der Sprache OMNI geschrieben wurde, mit Hilfe der Prozedursprache REXX (IBM) konzipiert. Der Reportwriter ist ein interaktives, menügesteuertes, modulares Computerprogramm, das zur Analyse des linearen Optimierungsproblems alle notwendigen

Hilfsmittel im Dialog bereitstellt. Grundlage des Reportwriters sind die Zugriffsroutinen auf die Zahlenwerte im Eingabedatensatz und auf die Aktivitätswerte aller Optimierungsvariablen in der optimalen Lösung. Ein zusätzlicher Modul ermöglicht alle vier Grundrechenoperationen, so daß diese Werte beliebig umgerechnet und zusammengefaßt werden können. Darauf aufbauend können über ein Menü folgende Aufgaben ausgeführt werden:

Darstellung der Aktivitätswerte einzelner oder mehrerer Optimierungsvariablen.

Darstellung einzelner oder mehrerer Größen des Eingabedatensatzes.

Berechnung mathematischer Ausdrücke bzw. Gleichungen mit den Aktivitätswerten und den Größen des Eingabedatensatzes zusammen mit beliebigen Konstanten.

Erstellung von Tabellen für einzelne Optimierungsvariablen oder aggregierten Größen mit Bildung von Zwischen- und Endsummen. Ein Satz von Standardtabellen ist vorhanden. Es können jedoch spezielle Tabellen erstellt werden. Die Tabellen können über einen Drucker ausgegeben und/oder direkt am Bildschirm angesehen werden.

Graphische Darstellung der Ergebnisse in Form von Balkendiagrammen, Kreis- und Kuchendiagrammen. Neben Standardbildern gibt es die Möglichkeit, spezielle Bildtypen zu erstellen.

Da der Bezug auf einzelne Optimierungsvariable immer über den Namen der betreffenden Variable geht, gibt es ein weiteres Modul, das alle Namen oder Klassen von Namen im Energiemodell MARNES am Bildschirm aufzeigt.

Es wurde schon darauf hingewiesen, daß der Eingabedatensatz aus zwei Teilen besteht, den Klassen und den Tabellen. Der Tabellenteil enthält für jede Technologie die von Null verschiedenen Koeffizientenwerte, mit denen die Technologie in den Restriktionsgleichungen vorkommt. Es gibt nun ein Computerprogramm, das einmal für jede Technologie die Restriktionsgleichungen aufführt, in denen diese Technologie mit einem von Null verschiedenen Koeffizienten vorkommt, und das zum anderen für jede Restriktionsgleichung die Technologie zusammenstellt, die in dieser Gleichung einen von Null verschiedenen Koeffizienten haben. Da der Eingabedatensatz für das Energiemodell MARNES sehr umfangreich ist und mit diesem Optimierungsprogramm mehrere Szenarien gerechnet werden, ist es notwendig, die Unterschiede von verschiedenen Eingabedatensätzen ermitteln zu können. Dazu gibt es ein Vergleichsprogramm, das alle Unterschiede eines Eingabedatensatzes im Vergleich zu einem Referenzdatensatz auflistet.

Für die von dem Matrixgenerator erstellte Matrix gibt es zwei Programme, die in komprimierter Form die Werte der Matrix darstellen können. Das eine Programm schreibt bis auf die Kapazitätsgleichungen (siehe nächstes Kapitel) alle Restriktionsgleichungen für eine Periode, und das andere Programm teilt die gesamte Matrix, auf mehrere Datensätze verteilt, auf, wobei folgende Einteilung gewählt wurde:

Kostenkoeffizienten,
Koeffizienten der Bilanzgleichungen,
Koeffizienten der Kapazitätsgleichungen,
Konstanten der rechten Seite und
Grenzwerte der Strukturvariablen.

Mit dem Reportwriter und den zusätzlichen Hilfsprogrammen können alle Eingabedaten, die gesamte Matrix und von den Ergebnisdaten die Aktivitätswerte, die in den Tabellen und Bildern verwendet werden, entweder interaktiv am Bildschirm betrachtet oder mittels eines Druckers aufgelistet werden.

Die Endtabelle der linearen Programmierung enthält jedoch noch mehr Werte, die zur Analyse verwendet werden könnten. Im Prinzip kann der hier beschriebene Reportwriter ohne großen Aufwand auch zur Darstellung der anderen Werte des Endtableaus ausgebaut werden, sofern diese Werte zur Analyse benötigt werden. Es gibt jedoch im wesentlichen zwei Gründe, weshalb nur die Aktivitätswerte als Ergebnisse aufgeführt werden. Der eine Grund, die Darstellung aggregierter Größen, wurde schon diskutiert.

Bei der Anwendung des Simplexverfahrens zur Lösung von linearen Optimierungsproblemen können sogenannte Entartungen auftreten. Diese Entartungen bilden den zweiten Grund. Eine vollständige Diskussion der Entartung ist im Rahmen dieses Buches jedoch nicht möglich. Im folgenden werden daher nur einige vereinfachte Hinweise gegeben.

Man spricht dann von einer Entartung, wenn eine Basisvariable einen Aktivitätswert oder eine Nichtbasisvariable einen Dualaktivitätswert von Null hat. Bei einem n-dimensionalen Optimierungsproblem wird der optimale Lösungspunkt durch den Schnittpunkt von n Hyperebenen, n Nichtbasisvariablen, bestimmt. Die erste Form der Entartung ist nun dadurch gegeben, daß durch den optimalen Lösungspunkt mehr als n Hyperebenen verlaufen. Da das Simplexverfahren bei einem n-dimensionalen Optimierungsproblem nur n Nichtbasisvariablen hat, müssen die zu den überzähligen Hyperebenen gehörenden Optimierungsvariablen Basisvariable mit einem Aktivitätswert von Null sein. Die zweite Art der Entartung bedeutet, daß die Anfangswerte der Nichtbasisvariablen, deren Dualaktivität gleich Null ist, beliebig verändert werden können, ohne die optimale Lösung zu verändern. Als Anfangswerte gelten bei den Strukturvariablen der Zielfunktionskoeffizient und bei den Schlupfvariablen die Konstante der rechten Seite. Wenn aber Entartungen auftreten, dann sind die Ergebniswerte der Endtabelle nur bedingt zur Analyse verwendbar. Eine mögliche Ursache, daß Entartungen vorkommen können, liegt darin, daß Strukturvariablen ausgewählt wurden, die voneinander nicht unabhängig sind. Dies bedeutet nicht, daß zwischen den Strukturvariablen irgendwelche Verknüpfungen vorhanden sein können, sondern daß der Aktivitätswert der einen Strukturvariablen den der anderen mitbestimmt. Daraus folgt, daß, wenn die Strukturvariablen voneinander nicht unabhängig sind, diese Abhängigkeit bei der Formulierung des Optimierungsproblems durch eine Restriktionsgleichung berücksichtigt werden muß, und dies führt dann zu der Entartung.

Bei der Abbildung von Energiesystemen unter Berücksichtigung des Kapazitätsausbaus, einer zeitlichen Komponenten, müssen zwei Strukturvariablen, nämlich die Aktivitätsvariable und die Kapazitätsvariable, eingeführt werden. Beide Variablen sind aber nicht voneinander unabhängig, vielmehr hängen sie über die Größe des Auslastungsgrades direkt voneinander ab. Dies trifft auch bei dem Energiemodell MARNES zu, und daher treten bei der linearen Programmierung zahlreiche Entartungen auf, so daß nur die Aktivitätswerte der Optimierungsvariablen zur Analyse genutzt werden können.

Ein Ausweg aus dieser Situation ist nur durch Umformulierung des Optimierungsproblems möglich. Z.B. könnte durch Parameterstudien, die weiter unten beschrieben werden, die Strategie der Kapazitätserweiterung ohne Einführung zusätzlicher Kapazitätsvariablen an einem Einperiodenmodell untersucht werden. Ebenso könnte durch geeignete Wahl der Strukturvariablen auf die Aggregation der Ergebnisgrößen verzichtet werden. Dies führt zu der allgemeinen Feststellung, daß die Wahl der Strukturvariablen auch im Hinblick auf die Analysemöglichkeiten getroffen werden sollte.

Welche Analysemöglichkeiten bei der linearen Programmierung angewandt werden können, soll im folgenden Kapitel kurz erläutert werden.

3.5.4 Analysemöglichkeiten

3.5.4.1 Endtableau

Wie schon mehrfach betont, sind in dem Endtableau des Simplexverfahrens die gesamten Resultate der linearen Optimierung enthalten. Mit Hilfe der Optimierungsprogramme kann das Endtableau ganz oder teilweise ausgedruckt werden. Bei gößeren Optimierungsproblemen mit vielen Optimierungsvariablen ist das Endtableau sehr umfangreich, und es ist daher wichtig, nur die gewünschten Spalten und/oder Zeilen auswählen zu können. Die entscheidende Größe im Endtableau ist der Zielfunktionswert, der gleich der Summe der Zielfunktion ist. Obwohl dieser Wert entsprechend der Aufgabenstellung des linearen Optimierungsproblems der gesuchte Lösungswert ist, ist er in den meisten Modelluntersuchungen von untergeordneter Bedeutung und wird im Reportwriter selten verwendet. Für das Energiemodell MARNES kann dieser Zielfunktionswert mit Hilfe des Reportwriters am Bildschirm oder in einer Tabelle dargestellt werden.

Im Detail wird das Endtableau in den folgenden zwei Abschnitten, bei der Diskussion des optimalen Lösungspunktes und der dem optimalen Lösungspunkt nächsten Lösungspunkte, besprochen.

Bei den systemanalytischen Ausführungen wurde darauf hingewiesen, daß der Begriff des Systems neben den Systemelementen auch deren Verknüpfungen mitumfaßt. Diese Wechselwirkungen der Systemelemente untereinander werden in der mathematischen Formulierung des linearen Optimierungsproblems zu den Restriktionsgleichungen umgewandelt. Man kann nun sagen, daß die Systemvernetzung umso intensiver ist, je mehr Strukturvariablen in den einzelnen Restriktionsgleichungen mit einem Koeffizienten von Null auftreten bzw. wenn die einzelne Strukturvariable in vielen Restriktionsgleichungen vorkommt. Die Dichte der Matrix, das Verhältnis der von Null verschiedenen Matrixkoeffizienten zu den möglichen, gibt ein gewisses Maß für die Verflechtung an. Im allgemeinen ist die Dichte der Anfangsmatrix, dem Anfangstableau, geringer als die Dichte der Endmatrix, dem Endtableau.

Aus dem Endtableau läßt sich nun qualitativ sehr schnell und einfach ablesen, welche Nichtbasisvariable (Spalte) z.B. in sehr vielen Basisvariablen (Zeile) einen von Null verschiedenen Koeffizienten besitzen. Damit kann man zumindest qualitativ abschätzen, welche Strukturvariablen und welche Schlupfvariablen, Restriktionsgleichungen, im optimalen Lösungspunkt einen wesentlichen Einfluß auf das Gesamtsystem haben. Andererseits erkennt man aus dem Endtableau auch diejenigen Optimierungsvariablen, die nur einen geringen Einfluß haben, wenn sie wenige von Null verschiedene Koeffizienten besitzen. Auf diese Weise liefert das Endtableau eine erste, qualitative Analyse des untersuchten Systems.

3.5.4.2 Der optimale Lösungspunkt

Als Ergebnis der Optimierungsrechnungen werden in den meisten Fällen ausschließlich die Aktivitätswerte der Strukturvariablen für die Systemanalyse genutzt. Sofern die Strukturvariablen in der optimalen Lösung in Basis sind, stehen diese Werte in dem Endtableau in der letzten Spalte (die Werte b°_{j}). Ist die Strukturvariable in der optimalen Lösung eine Nichtbasisvariable, dann ist ihr Aktivitätswert gleich Null, sofern keine Schranke vorgegeben wurde. Der optimale Lösungspunkt ist somit durch die Aktivitätswerte der Strukturvariablen bestimmt.

Mathematisch gesehen, wird der optimale Lösungspunkt durch die Nichtbasisvariablen bestimmt. Im n-dimensionalen Raum wird ein Punkt als Schnittpunkt von n (nicht parallelen) Hyperebenen definiert. Der optimale Lösungspunkt liegt somit auf diesen Hyperebenen. Wird die Hyperebene durch eine Schlupfvariable, Restriktionsgleichung, dargestellt, so bedeutet dies, daß die Restriktionsgleichung eine exakte Gleichung ist und der Wert der Schlupfvariablen gleich Null ist, da die Summe der linearen Gleichung gleich der Konstanten der rechten Seite ist. Stellt aber die Hyperebene eine Stukturvariable dar, dann liegt der optimale Lösungspunkt auf der Hyperebene, deren Lot gleich der zu dieser Strukturvariablen gehörenden Koordinatenachse ist. Die durch die Basisvariablen gegebenen Hyperebenen gehen somit nicht durch den optimalen Lösungspunkt. Diese Basisvariablen haben im Endtableau einen Aktivitätswert, die letzte Spalte des Tableaus, und dieser Aktivitätswert stellt ein Maß für den Abstand dieser Hyperebene vom optimalen Lösungspunkt dar. Wenn die Basisvariable eine Strukturvariable ist, dann ist der Zahlenwert dieser Strukturvariablen in der optimalen Lösung gleich dem Aktivitätswert, und man sagt, die Strukturvariable geht in Lösung. Sofern die Basisvariable eine Schlupfvariable ist, dann besitzt diese Schlupfvariable in der optimalen Lösung einen Aktivitätswert, der gleich der Differenz der Konstanten der rechten Seite und der Summe der linearen Gleichung ist. Die dazugehörende Restriktionsgleichung ist nicht erfüllt, d.h. sie ist eine Ungleichung.

Aus diesen Ausführungen folgt, daß in der optimalen Lösung eine Strukturvariable nur dann einen Aktivitätswert besitzt, wenn diese Strukturvariable in der Basis ist, also in Lösung geht. Im anderen Fall hat sie keinen Aktivitätswert, sie kommt im Endtableau nicht als Zeilenvariable vor. Dasselbe gilt für eine Schlupfvariable. Aus dem Endtableau ergibt sich aber, daß die Nichtbasisvariablen in der optimalen Lösung einen Zielfunktionskoeffizienten haben, die zweite Zeile im Tableau. Dieser Koeffizient wird hier als Dualaktivität bezeichnet. Es wurde oben schon einmal darauf hingewiesen, daß es zu jedem primalen Optimierungsproblem ein duales Problem gibt. Es gibt zu jedem Minimierungsproblem ein Maximierungsproblem und umgekehrt. Das duale Problem erhält man aus der mathematischen Formulierung des primalen Problems, indem die Strukturvariablen in Schlupfvariable und umgekehrt umgewandelt werden. In der optimalen Lösung werden aus den Basisvariablen des primalen Problems die Nichtbasisvariablen des dualen Problems. Aufgrund dieser Zuordnung werden im primalen Problem die Zielfunktionskoeffizienten der Nichtbasisvariablen allgemein als Dualaktivitätswerte bezeichnet. In der Literatur gibt es für die Dualaktivitätswerte noch andere Bezeichnungen, die sich aber auf ganz bestimmte Optimierungsprobleme beziehen. In der Regel stammen diese Bezeichnungen aus ökonomischen Optimierungsmodellen, die aber inhaltlich anders strukturiert sind wie die technologischen Optimierungsmodelle. In diesem Buch wird daher, um Mißverständnisse zu vermeiden, nur der neutrale Begriff Dualaktivität verwendet.

Der optimale Lösungspunkt, die optimale Lösung, wird somit durch folgende Angaben bestimmt:

Strukturvariable
Nichtbasisvariable: Angabe des Dualaktivitätswertes, der von Null verschieden ist, sofern Entartung ausgeschlossen wird. Der Aktivitätswert ist definitionsgemäß Null oder gleich dem Wert einer vorgegebenen Schranke.

Basisvariable: Angabe des Aktivitätswertes, der von Null verschieden ist, sofern Entartung ausgeschlossen wird.

Schlupfvariable
Nichtbasisvariable: Angabe des Dualaktivitätswertes, der von Null verschieden ist, sofern Entartung ausgeschlossen wird. Der Aktivitätswert ist definitionsgemäß immer gleich Null.

Basisvariable: Angabe des Aktivitätswertes, der von Null verschieden ist, sofern Entartung ausgeschlossen wird, und der gleich der Differenz der Konstanten der rechten Seite zur Summe der linearen Funktion ist.

In den meisten Optimierungsprogrammen werden im allgemeinen diese Werte als Lösungswerte der Optimierung neben einigen Eingabedaten ausgedruckt (Solutionoutput).

Mit Hilfe der geometrischen Beschreibung des optimalen Lösungspunktes eines n-dimensionalen Optimierungsproblems läßt sich der Begriff der Entartung anschaulicher erläutern. Der optimale Lösungspunkt ist als Schnittpunkt von n nicht parallelen Hyperebenen definiert. Wenn durch diesen Lösungspunkt jedoch mehr als n Hyperebenen gehen, dann liegt ein Fall von Entartung vor, und diese Hyperebenen sind dann linear voneinander abhängig (vgl. Beispiel 2 im Abschn. 3.3.4). Die zu den überzähligen Hyperebenen gehörenden Optimierungsvariablen sind in der optimalen Lösung in der Basis mit einem Aktivitätswert von Null, da es nur n Nichtbasisvariable geben kann. Die Zielfunktion stellt ebenfalls eine Hyperebene dar, die durch den Lösungspunkt verläuft, wobei die Konstante der rechten Seite gleich dem Zielfunktionswert ist. Im Normalfall schneiden alle n Hyperebenen, in deren Schnittpunkt der optimale Lösungspunkt liegt, mit der Zielfunktionshyperebene in einer Geraden. Ein anderer Fall von Entartung liegt dann vor, wenn eine Hyperebene in der Zielfunktionshyperebene liegt. Dann ist der Dualaktivitätswert gleich Null.

3.5.4.3 Die dem optimalen nächsten Lösungspunkte

Während im letzten Abschnitt der optimale Lösungspunkt beschrieben wurde, geht es hier um die Umgebung des optimalen Lösungspunktes.

Bei jedem linearen Optimierungsproblem müssen für die mathematische Formulierung drei Arten von Konstanten vorgegeben werden:

1. Die Koeffizienten der Zielfunktion
2. Die Konstanten der rechten Seite der Restriktionsgleichungen
3. Die Matrixkoeffizienten der Restriktionsgleichungen

In der Zielfunktion kommen nur die Strukturvariablen vor, und die Schlupfvariablen stellen die Restriktionsgleichungen dar. Daher beziehen sich die Konstanten der 1. Art, die Koeffizienten der Zielfunktion, auf die Strukturvariablen und die Konstanten der 2. Art, die Konstanten der rechten Seite, auf die Schlupfvariablen. Die Analyse der nächsten Umgebung des optimalen Lösungspunktes gibt dann Aufschluß darüber, inwieweit der Zielfunktionskoeffizient einer Strukturvariablen oder die Konstante der rechten Seite einer Restriktionsgleichung verändert werden darf, so daß die optimale Lösung erhalten bleibt.

Unabhängig davon, ob man die optimale Lösung, den optimalen Lösungspunkt, durch die Nichtbasisvariablen oder durch die Basisvariablen beschreibt, solange kein Basiswechsel notwendig ist, bleibt diese optimale Lösung erhalten. Ein Basiswechsel wird dann notwendig, wenn das Zulässigkeits- oder das Optimalitätskriterium verletzt wird (siehe Abschn. 3.4.5 und 3.4.6). Beim Basiswechsel wird eine Basisvariable gegen eine Nichtbasisvariable ausgetauscht. Geometrisch bedeutet dies, daß ein anderer Eckpunkt des Lösungskörpers erreicht wird.

Wenn der Zielfunktionskoeffizient einer Strukturvariablen verändert wird, dann bedeutet dies, daß die zur Zielfunktion gehörende Hyperebene im n-dimensionalen Raum gedreht wird. Wie man sich an dem Beispiel eines linearen Optimierungsproblems im 2-dimensionalen Raum klarmachen kann (siehe Abschn. 3.4.2), gibt es zwei Drehrichtungen, die mit den Worten "rechts, im Uhrzeigersinn" und "links, gegen den Uhrzeigersinn" unterschieden werden sollen, je nachdem der Zielfunktionskoeffizient erhöht oder erniedrigt wird. Der Zielfunktionskoeffizient einer Strukturvariablen kann solange verändert werden und damit die zur Zielfunktion gehörende Hyperebene solange gedreht werden, bis diese Hyperebene einen anderen Eckpunkt des Lösungskörpers berührt. Da es zwei Drehrichtungen gibt, existieren für die Änderung des Zielfunktionskoeffizienten einer Strukturvariablen zwei Grenzwerte.

Wenn die Konstante der rechten Seite einer Restriktionsgleichung verändert wird, dann bedeutet dies, daß die dazugehörende Hyperebene "parallel" verschoben wird. Wiederum gibt es, wie bei der Drehung der Zielfunktionshyperebene, zwei Verschiebungsrichtungen, je nachdem ob die Konstante der rechten Seite einer Restriktionsgleichung erhöht oder erniedrigt wird.

Diese Analyse der nächsten Umgebung des optimalen Lösungspunktes bezieht sich nur auf die Änderung einer einzelnen Größe, also entweder des Zielfunktionskoeffizienten einer Strukturvariablen oder der Konstanten der rechten Seite einer Restriktionsgleichung. Als nächste Umgebung gilt der Bereich um den optimalen Lösungspunkt bis zum nächsten Eckpunkt des Lösungskörpers. In diesem Eckpunkt wird eine der beiden Kriterien, das Zulässigkeits- oder Optimalitätskriterium verletzt, und es muß eine Tableauumrechung entsprechend dem Simplexverfahren erfolgen. Bei dieser Umrechnung können sich alle Zahlen des Tableaus ändern. Von dem optimalen Lösungspunkt bis zum nächsten Eckpunkt bleibt das Tableau erhalten, d.h. es erfolgt kein Basiswechsel. Dies bedeutet aber nicht, daß alle Größen des Tableaus auch konstant bleiben. Welche Veränderungen im Tableau auftreten, hängt davon ab, ob der Koeffizient bzw. die Konstante der rechten Seite einer Nichtbasisvariablen oder Basisvariablen geändert wird. Daher müssen folgende Fälle unterschieden werden: Strukturvariable - Nichtbasisvariable; Strukturvariable - Basisvariable; Schlupfvariable - Nichtbasisvariable und Schlupfvariable - Basisvariable. Aufgrund der Linearität gibt es zu jeder Strukturvariablen und jeder Schlupfvariablen zwei Eckpunkte und damit zwei Grenzwerte, innerhalb deren der Koeffizient oder die Konstante der rechten Seite variiert werden kann, ohne daß sich die optimale Lösung ändert. Die Berechnungsformeln dieser Grenzwerte aus dem Endtableau sollen hier nicht abgeleitet werden. In der Regel gibt es bei den Optimierungsprogrammen entsprechende Ausdrucke. Hier sollen nur kurz qualitativ die möglichen Veränderungen diskutiert werden, wobei vorausgesetzt wird, daß ein Minimierungsproblem vorliegt und die Restriktionsgleichung vom Typ größer gleich sind.

Strukturvariable - Nichtbasisvariable

Die Strukturvariable besitzt einen Zielfunktionskoeffizienten. Als Nichtbasisvariable liegt der optimale Lösungspunkt auf der zu ihr senkrechten Hyperebene, die durch den Nullpunkt geht, sofern nicht eine Schranke vorgegeben wurde. Der Aktivitätswert dieser Strukturvariablen ist Null, der Dualaktivitätswert ist von Null verschieden (Entartung ausgeschlossen). Diese Strukturvariable ist nicht in der Lösung, da ihr Zielfunktionskoeffizient gegenüber anderen vorhandenen Alternativen in bezug auf das Zielkriterium zu hoch ist. Daraus folgt, daß eine Erhöhung des Zielfunktionswertes keinen Einfluß auf die optimale Lösung hat und im Endtableau nur die Dualaktivität dieser Strukturvariablen sich entsprechend ändert. Der Grenzwert in Richtung Erhöhung liegt im Unendlichen.

Bei einer Erniedrigung des Zielfunktionskoeffizienten dieser Strukturvariablen wird ihr Dualaktivitätswert entsprechend gesenkt. Der Grenzwert ist dann erreicht, wenn ihr Dualaktivitätswert gleich Null wird. Dann ist ein Basiswechsel notwendig, und diese Strukturvariable geht in die Basis, d.h. in die Lösung. Daraus folgt, daß der Zielfunktionskoeffizient um den Dualaktivitätswert gesenkt werden muß, damit diese Strukturvariable in Lösung kommt.

Strukturvariable - Basisvariable

Diese Strukturvariable mit einem Zielfunktionskoeffizienten ist als Basisvariable in der Lösung, sie hat einen von Null verschiedenen Aktivitätswert (Entartung ausgeschlossen), und der Dualaktivitätswert ist nicht definiert. Der optimale Lösungspunkt liegt nicht auf der zu dieser Strukturvariablen gehörenden Hyperebene. Wenn der Zielfunktionskoeffizient dieser Strukturvariablen verändert wird, dann ändern sich die Dualaktivitätswerte aller Nichtbasisvariablen entsprechend ihrem Matrixkoeffizienten bezüglich dieser Strukturvariablen. Der Grenzwert ist dann erreicht, wenn der Dualaktivitätswert einer Nichtbaisvariablen zu Null geworden ist (Optimalitätskriterium). Wenn der Zielfunktionskoeffizient dieser Strukturvariablen bis zum Grenzwert erhöht wird, dann wird diese Strukturvariable eine Nichtbasisvariable, sie verläßt die Lösung, da ihr Zielfunktionskoeffizient in Bezug auf das Zielkriterium gegenüber anderen Alternativen zu hoch geworden ist. Wenn der andere Grenzwert, bei Erniedrigung des Zielfunktionskoeffizienten dieser Strukturvariablen, Null ist, dann hat eine weitere Erniedrigung des Zielfunktionskoeffizienten keinen Einfluß auf die optimale Lösung. Ist dieser Grenzwert jedoch größer Null, dann bedeutet dies, daß bei Erniedrigung des Zielfunktionskoeffizienten sein Wert gegenüber einer anderen Alternative im Sinne des Zielkriteriums noch optimaler wird und deshalb der Aktivitätswert dieser Strukturvariablen weiter ansteigen wird.

Schlupfvariable - Nichtbasisvariable

Die Schlupfvariable stellt eine Restriktionsgleichung dar, die eine Konstante der rechten Seite besitzt. Als Nichtbasisvariable liegt der optimale Lösungspunkt auf der dazugehörenden Hyperebene. Der Aktivitätswert der Schlupfvariablen ist daher gleich Null und damit die Summe der linearen Funktion gleich der Konstanten der rechten Seite. Wenn die Konstante der rechten Seite verändert wird, dann wird die Hyperebene "parallel" verschoben und damit der optimale Lösungspunkt ebenfalls. Der optimale Lösungspunkt wandert auf der durch die restlichen Nichtbasisvariablen gebildeten "Hyperkante" mit. Wenn sich aber der optimale Lösungspunkt verschiebt, dann bedeutet dies, daß sich der Aktivitätswert aller Basisvariablen mit verändert, da die Aktivität ein Maß für den Abstand der Basisvariablen vom optimalen Lösungspunkt ist. Wegen des Zulässigkeitskriteriums darf jedoch der Aktivitätswert keiner Basisvariablen kleiner Null werden. Daraus ergeben sich die Grenzwerte für die Veränderungen der Konstanten der rechten Seite der Schlupfvariablen. An diesen Grenzwerten erfolgt ein Basiswechsel, und diese Schlupfvariable geht in die Basis. Diejenige Basisvariable, deren Aktivitätswert zuerst zu Null wird, verläßt dafür die Basis und wird zur Nichtbasisvariablen.

Schlupfvariable - Basisvariable

Die Schlupfvariable hat als Restriktionsgleichung eine Konstante der rechten Seite. Da sie in der optimalen Lösung in der Basis ist, liegt der optimale Lösungspunkt nicht auf der dazugehörenden Hyperebene, der Aktivitätswert der Schlupfvariablen ist von Null verschieden (Entartung ausgeschlossen), die Summe der linearen Funktion ist von der Konstanten der rechten Seite um den Betrag der Aktivität der Schlupfvariablen verschieden. Wenn die Konstante der rechten Seite verändert wird, dann ändert sich die Aktivität dieser Schlupfvariablen um denselben Betrag. Wird die Konstante der rechten Seite so verändert, daß sich die Aktivität erhöht, dann wird die dazugehörende Hyperebene nur weiter vom Lösungspunkt weg verschoben, und es ändert sich am Endtableau außer dem Aktivitätswert dieser Schlupfvariablen nichts. In dieser Richtung gibt es keinen Grenzwert. Wenn aber die Konstante der rechten Seite dahingehend verändert wird, daß die Aktivität sich erniedrigt, dann existiert ein Grenzwert, da wegen des Zulässigkeitskriteriums die Aktivität nicht kleiner als Null werden darf. Wird der Wert der Konstanten der rechten Seite gleich diesem Grenzwert gewählt, dann erfolgt ein Basiswechsel, und diese Schlupfvariable verläßt die Basis. Ihr Aktivitätswert ist gleich Null, und damit ist die Restriktionsgleichung bindend, d.h. die Summe der linearen Funktion ist gleich der Konstanten der rechten Seite. Unter diesen Bedingungen ist die Schlupfvariable eine Nichtbasisvariable und, sofern die Konstante der rechten Seite weiter verändert wird, gilt das oben für eine Schlupf-Nichtbasisvariable Ausgeführte.

3.5.4.4 Parameterstudien

Bei der Analyse der nächsten Umgebung des optimalen Lösungspunktes wird untersucht, inwieweit die Eingabedaten außer den Matrixkoeffizienten verändert werden dürfen, bis der nächste Eckpunkt des Lösungskörpers erreicht wird. Dabei galt die Beschränkung, daß jeweils nur ein Wert einer Optimierungsvariablen verändert werden durfte.

Diese Einschränkungen gelten bei den Parameterstudien nicht mehr. Hier geht es um die Frage, über welche Lösungspunkte verläuft die optimale Lösung, wenn die Eingabedaten über einen vorgegebenen Bereich variiert werden. Dabei können alle Eingabedaten verändert werden, also die Zielfunktionskoeffizienten, die Konstanten der rechten Seite und die Matrixkoeffizienten. Ferner können gleichzeitig die Eingabedaten mehrerer Optimierungsvariablen geändert werden. Als Ergebnisliste kann man sich an jedem Eckpunkt oder an nur ausgewählten Eckpunkten die Werte der optimalen Lösung und/oder die Grenzwerte aller oder einiger Optimierungsvariablen ausgeben lassen.

Diese Analyse der Parameterstudien bietet sehr umfangreiche und auch auf ganz spezielle Fragestellungen anwendbare Untersuchungsmöglichkeiten. Es muß jedoch darauf hingewiesen werden, daß wegen der Menge der Daten, die man erhält und sichten muß, die Formulierung des vorliegenden linearen Optimierungsproblems, insbesondere die Auswahl der Strukturvariablen und der Restriktionsgleichungen, sehr sorgfältig unter Berücksichtigung der Analyse erfolgen muß.

4 MARNES-Modellbeschreibung

4.1 Grundsätzlicher Aufbau

Bei dem Modell MARNES (Market Allocation including New Energy Systems) handelt es sich - wie im Kapitel 3 beschrieben - um ein LP-Modell. Zur Optimierung bedient es sich des MPSX-Packages. Die matrixgerechte Aufarbeitung geschieht durch den in OMNI geschriebenen Matrixgenerator. Um eine leicht lesbare Ergebnisdarstellung zu erreichen, ist ein Reportwriter nachgeschaltet. Er wurde mit Hilfe der Prozedursprache REXX geschrieben. Abbildung 6 zeigt die prinzipielle Abfolge eines Rechenlaufs in MARNES.
Abbildung 7 enthält das prinzipielle Flußdiagramm des Modells. Jeder Schritt von der Primärenergie bis zum Endverbraucher (Umwandlung,

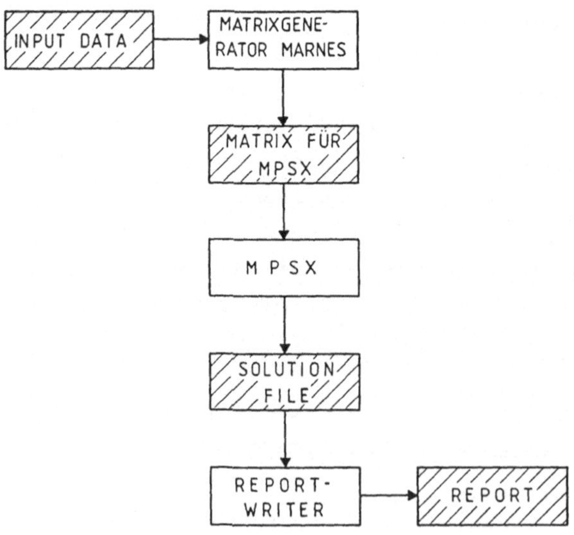

Abb. 6: Rechenlauf im Modell MARNES

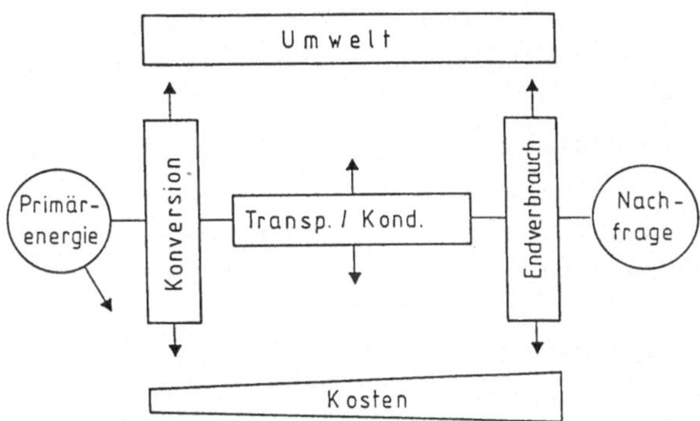

Abb. 7: Prinzipielles Flußdiagramm MARNES

Verteilung, Verbrauch) wird durch seine spezifischen Kosten und durch seine Schadstoffströme (Emissionen) charakterisiert. Sämtliche Systemkosten werden in der Zielfunktion des Modells erfaßt und zur Auffindung der optimalen Systemkonfiguration minimalisiert. Die Emissionen werden in Gleichungen bilanziert und durch exogen vorgegebene Obergrenzen kontrolliert.

Die Energieumwandlung und der Verbrauch werden im Modell durch ein exogen vorgegebenes Nachfrageszenario für den Nutzenergiebedarf gesteuert, das von einem Simulationsmodell aus exogenen Parametern, wie Bruttosozialprodukt, Energiepreise und spezifischer Energieverbrauch berechnet wird. Das dynamische LP-Modell ist in 8 Perioden aufgeteilt, die einen Zeitraum von 50 Jahren überspannen.

4.2 Strukturelle Abbildung der Technologien und ihrer Verbindungen

4.2.1 Charakterisierende Parameter

Jede Technologie im Modell MARNES kann als LP-Bestandteil in Form einer "Black Box" verstanden werden, die charakterisiert wird durch die Parameter

Inputströme: Energie- und/oder Massenströme
Outputströme: Energie- und/oder Massenströme (einschließlich Emissionen)

Kosten:	Investitionen und sonstige Kosten (Versicherung, Instandhaltung, Personalkosten etc.) in realen Werten auf der Kostenbasis 1982
Auslastung:	maximale mittlere Auslastung der Technologie in Bezug auf ein Jahr
Bauzeit:	durchschnittliche Bauzeit vor Inbetriebnahme
Lebensdauer:	wirtschaftliche Lebensdauer zu den angegebenen Kosten

Abbildung 8 zeigt als Beispiel die Charakterisierung eines Steinkohlenkraftwerks zur Mittellaststromerzeugung.

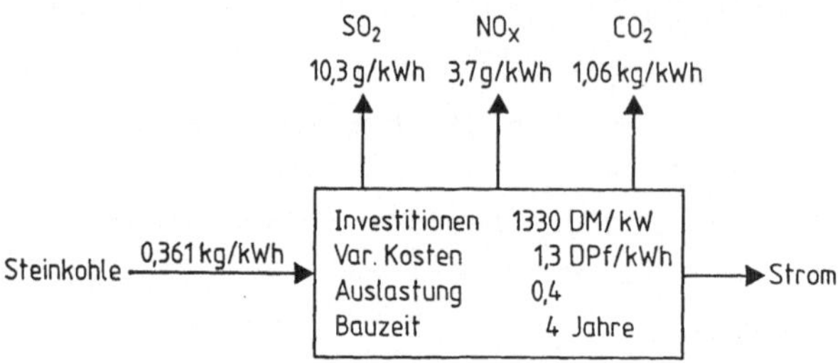

Abb. 8: Charakterisierung eines Steinkohlenkraftwerks in MARNES

4.2.2 Energie- und Stoffumwandlung

Energie- und Stoffumwandlung werden mit Input- und Output-Koeffizienten für die Mengenströme der Technologien charakterisiert. Dabei werden die Eingangs- und Ausgangsströme auf einen Hauptstrom normiert. Dieser dient dann gleichzeitig als dimensionale Größe für die Aktivität der Technologie. Die Aktivität der Technologie ist eine Optimierungsvariable (Aktivitätsvariable) (Abbildung 9).

Mit OUT_{kn} als Normierungsgröße ist die Aktivität der Technologie n:

$$A_n = OUT_{kn} \geq 0$$

Mit Input- bzw. Outputkoeffizient $a_{in} = -INP_{in}/OUT_{kn}$ bzw. $a_{jn} = OUT_{jn}/OUT_{kn}$ ist:

$$INP_{in} = - a_{in} A_n$$

$$\text{bzw. } OUT_{jn} = + a_{jn} A_n$$

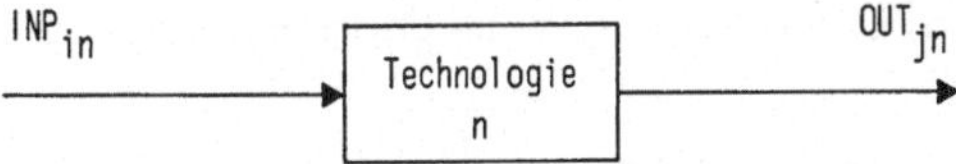

Index: i, j= Energie- bzw. Stoffstrom; n= Technologie

Abb. 9: Simulation einer Technologie

Index: i,j = Energie- bzw. Stoffstrom
n = Technologie

4.2.3 Energieträger- und Stoffbilanzen

Energieträger- bzw. Stoffbilanzen werden über die Verknüpfungen der Technologien miteinander definiert (Flußbild). Sie werden, wie in Kapitel 3 beschrieben, in linearen Restriktionsgleichungen mathematisch formuliert.

Die Bilanz von Stoff i sei anhand des unten stehenden Schemas entwikkelt (Abbildung 10).

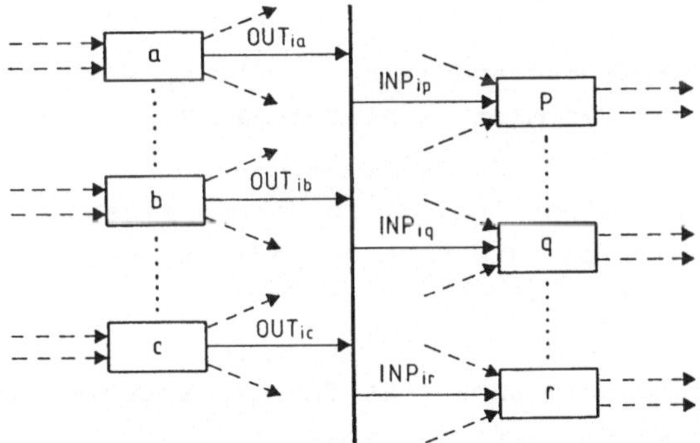

Abb. 10: Bilanz eines Stoff- bzw. Energiestroms

Die unterstellte Restriktion (Erzeugung von Stoff i - Verbrauch von Stoff i) ≥ 0 bedeutet:

$$\sum_{b} OUT_{ib} - \sum_{q} INP_{iq} \geq 0$$

$$\text{oder } BAL_i = \sum_{n} a_{in} \cdot A_n \geq 0$$

Solche Bilanzgleichungen für alle Stoffe bilden die mathematische Beschreibung des Flußbildes.
Zusätzliche Restriktionen wie z.B. Upper- und Lower-Bounds, chemische Gleichungen etc. können und werden im einzelnen noch definiert.

4.2.4 Zeitliche Verknüpfung

Die zeitliche Verknüpfung wird über die Kapazitäten der Technologien hergestellt. Die Kapazität wird mit einem maximalen Auslastungsfaktor an die Aktivität der Technologie linear gebunden. Die Zeit (t) wird mittels Periodennummer (i) als Index für eine Parametermenge eingeführt, wobei alle Technologien diesen Zeitindex bekommen. Mit der Periodenlänge (Δi) in Jahren werden die Perioden gewichtet und dimensioniert.

Mit C(i) = Kapazität einer Technologie in der Periode i und AVAIL(i) = maximaler Auslastungsfaktor einer Technologie in der Periode i ergibt sich

$$C(i) \geq A(i)/AVAIL(i)$$

Die Kapazität C(i) besteht aus den Neubaukapazitäten I(i) der Periode i und den aus den vorhergehenden Perioden verbleibenden Kapazitäten. Dabei können nur die Perioden aus einem Zeitraum kleiner bzw. gleich dem der Lebensdauer der Technologie (LIFE) in Jahren einen Beitrag liefern. Es wird angenommen, daß die Neubaukapazität jeweils am Anfang der Periode errichtet wird.

Hinzu kommt eine exogen vorgegebene Startkapazität für die aktuelle Periode i aus Zeiträumen vor der ersten Periode (RESID(i)):

Also: $$C(i) = I(i) + \sum_{k=1}^{i-1} I'(k) + RESID(i)$$

$$I'(k) = I(k), \qquad \text{wenn } \sum_{l=k}^{i} \Delta l \leq LIFE$$

$$I'(k) = I(k) \cdot (Life - \sum_{l=k}^{i-1} \Delta l)/\Delta i, \quad \text{wenn } LIFE < \sum_{l=k}^{i} \Delta l < LIFE + \Delta i$$

$$I'(k) = 0, \qquad \text{sonst}$$

oder

$$I(i) + I(i-1) + \ldots + I'(i-s) - A(i)/AVAIL(i) \geq -RESID(i)$$

wobei $i-s \rightarrow$ Zeit $\leq$ LIFE

Durch diese Restriktionsgleichungen werden die Perioden miteinander über die Neubaukapazitäten einer Technologie verknüpft. Diese sind ebenfalls Optimierungsvariable: Investitionsvariable.

4.2.5 Zielfunktion

Die zu minimierende Zielfunktion enthält die Gesamtkosten des Systems über alle Perioden als eine Summe der Produkte aus Kostenkoeffizient und Optimierungsvariablen. Die Kostenkoeffizienten der Zielfunktion sind Barwerte der Kosten, d.h. die aktuellen Kosten werden auf ein Basisjahr diskontiert. (Als Basisjahr ist hier der Anfang der ersten Periode gewählt.) Eine Eskalation der aktuellen Kosten wird nicht unterstellt, ist aber im Modell möglich.

Mit den in der Legende gegebenen Erläuterungen

i	= aktuelle Periode
Δ i	= Periodenlänge der Periode i
m	= Anzahl der Perioden
d	= Diskontsatz (z.B. 1.1)
INV	= Investitionskosten
VAR	= Betriebskosten oder Kosten der Primärenergieträger
DINV	= diskontierte Investitionskosten
DVAR	= diskontierte Betriebskosten
BZ	= Bauzeit
LIFE	= Lebensdauer

und mit den Ansätzen

Beginn der Periode i: $t(i) = \sum_{k=1}^{i-1} \Delta k$

Restzeit bis zum Ende des Betrachtungsraumes: $e(i) = \sum_{l=i}^{m} \Delta l$

ergeben sich für die Kostenkoeffizienten der Zielfunktion (DINV und DVAR) pro Technologie und pro Periode die folgenden Ergebnisse:

a) Investitionskosten

Es wird angenommen, daß die Technologie am Beginn der Periode in Betrieb geht und daß die gesamte Investitionssumme in der Mitte der Bauzeit fällig wird.

Wenn die Lebensdauer einer Anlage sich über dem Endzeitpunkt (e) des Betrachtungszeitraumes streckt, wird ein Restwert gutgeschrieben, der dem einer barwertmäßigen Abschreibung der Investitionen entspricht.

Ergebnis:

$$DINV(i) = INV \cdot (1/d)^{t(i)-BZ/2} \cdot \alpha$$

$$\alpha = \text{Korrektur-Restwert} = \begin{cases} 1 & \text{wenn } e \geq LIFE \\ \dfrac{1 - (1/d)^{e}}{1 - (1/d)^{LIFE}} & \text{wenn } e < LIFE \end{cases}$$

b) Betriebskosten (wie auch die Kosten der Primärenergieträger)

Die Betriebskosten in einer Periode werden von der Mitte der Periode an diskontiert:

$$DVAR(i) = VAR \cdot (1/d)^{t(i) + \Delta i/2} \cdot \Delta i$$

Die Zielfunktion lautet daher:

$$Z = \sum_{n,i} (DINV_n(i) \cdot I_n(i) + DVAR_n(i) \cdot A_n(i))$$

n = Technologie
i = Periode

Das Optimierungsproblem ist die Minimierung von Z.

4.3 Datenmäßige Abbildungen der Modellsektoren

4.3.1 Übersicht

Das Energie- und Umweltsystem in MARNES läßt sich in acht Bereiche einteilen (Abbildung 11):

Importsektor:	Das Modell wird mit den erforderlichen Primärenergieträgern versorgt.
Kohlesektor:	Die Stein- und Braunkohle sowie ihre Umwandlungsprodukte (Koks, Briketts) werden für ihren Einsatz entsprechend allokiert.
Raffineriesektor:	Abbildung einer Raffinerie mit Umwandlung des Rohöls in Mineralölprodukte.
Gassektor:	Transport und Verteilungsnetze für Erdgas. Abbildung und Addition der Lastkurven der Gasabnehmer.
Stromsektor:	Kraftwerke verschiedener Lastbereiche basierend auf Kernenergie, Kohle, Gas, Öl und Wasserkraft sowie Transport und Verteilung des Stroms.
Neue Technologien:	Zukünftige Umwandlungstechnologien mit einer weitgehenden Reduktion der emittierten Schadstoffe bestehend aus Kohleveredlung, Erdgas- und Erdölspaltung, Elektrolyse, Konvertierungs- und Trennanlagen, Synthesen, Gasturbinen, Brennstoffzellen sowie einem Fernenergiesystem.
Endverbrauchssektor:	Abbildung der Technologien zur "Herstellung" von Prozeßenergie und Raumwärme, Stahlerzeugung, Verkehrsmittel (Pkw, Lkw, Bahn, Schiff und Luftfahrt), Licht und Kraft.

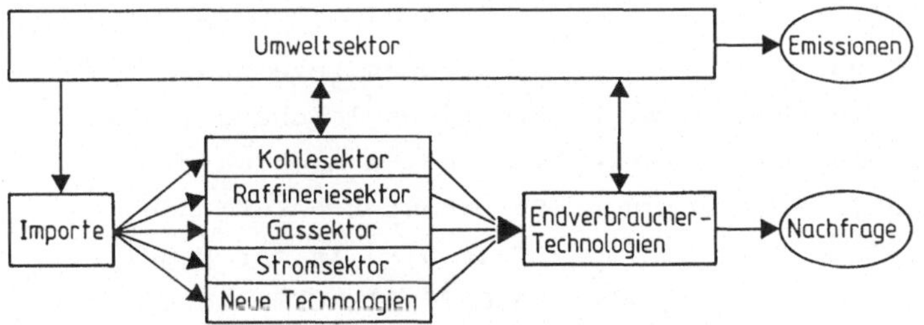

Abb. 11: Sektorale Einteilung der Abbildung in MARNES

Umweltsektor: Erfassung aller Emissionen von SO_2, NO_x und CO_2. Abbildung von Rauchgasentschwefelungs- und -entstickungsanlagen. Zusätzliche Gleichungen zur Simulation der Großfeuerungsanlagenverordnung und der technischen Anleitung Luft.

Gesteuert wird das Modell über die Nachfrage und eventuelle exogene Emissionsrestriktionen. Die Nachfrage umfaßt:

- Prozeßenergie
- Raumwärme
- Stahl
- Pkw-Fahrstrecke
- Lkw-Transportleistung
- Bahn-Transportleistung
- Binnenschiff-Transportleistung
- Kerosin Flugverkehr
- Licht und Kraft

Im folgenden wird die detaillierte Abbildung der einzelnen acht Bereiche von MARNES beschrieben. Dabei gilt:

- Die Technologienamen repräsentieren entsprechende Aktivitäten. In den aufgeführten Gleichungen steht ein Technologiename für die Aktivität dieser Technologie (z.B. SKM = Aktivität eines Mittellaststeinkohlekraftwerks = Anzahl kWh Strom).

- Die Abkürzungen für Ströme (d.h. Energieträger und Stoffe) sind Namen für entsprechende Input-/Output-Ströme der Technologien (z.B. HCP = Kraftwerkskohle; der HCP-Koeffizient eines Mittellaststeinkohlekraftwerks entspricht der Menge Kraftwerkskohle (= 0.161 kg), die für eine Aktivitätseinheit (= 1 kWh Strom) benötigt wird).

- Die Buchstaben "BAL" vor dem Namen eines Stromes bezeichnen die entsprechende Bilanzgleichung bzw. Restriktionsgleichung (z.B. BALHCP = Bilanzgleichung der Kraftwerkskohle). Analog werden sonstige Gleichungen (GL) bezeichnet. So bedeutet BALGLX die Bilanzierung der Gleichung X (GLX). Im Text wird in der Regel nur die Kurzform GLX verwendet, z.B. wird BALGL21 als GL21 bezeichnet.

4.3.2 Importsektor

Importe im Modell MARNES sind folgende Energieträger (s. Abb. 12):

- heimische Steinkohle HCO (kg)
- heimische Braunkohle BCO (kg)
- Importkohle SKI (kg)
- Rohöl OIL (kg)
- Heizöl leicht LOD (kg)
- Erdgas GAP (kWh)
- Kernbrennstoffe KBR (kWh)

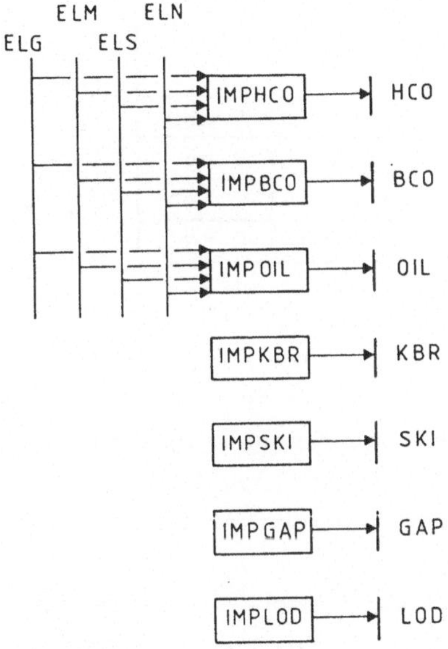

Abb. 12: Energieimporte

Für die Förderung der heimischen Stein- und Braunkohle wird elektrische Energie benötigt (85 kWh/t Steinkohle und 28 kWh/t Braunkohle). Mit dem Rohölimport ist ebenfalls ein Stromverbrauch rechnerisch verbunden, um dem Strombedarf der Raffinerien Rechnung zu tragen.
Die Lastbereiche der Strombezüge zeigen Abbildung 12 und Tabelle 1. Dabei bedeutet ELG = Grundlaststrom, ELM = Mittellaststrom, ELS = Spitzenlaststrom, ELN = Nachtstrom (s. auch Stromsektor). Neben Rohöl kann auch das Mineralölprodukt leichtes Heizöl direkt importiert werden.

Tabelle 1: Input-/Output-Koeffizienten Import

Import	Input			Output	
IMPHCO	ELG	0.04	kWh	HCO	1.0 kg
	ELM	0.03	kWh		
	ELS	0.01	kWh		
	ELN	0.005	kWh		
IMPBCO	ELG	0.014	kWh	BCO	1.0 kg
	ELM	0.01	kWh		
	ELS	0.003	kWh		
	ELN	0.001	kWh		
IMPOIL	ELG	0.02	kWh	OIL	1.0 kg
	ELM	0.015	kWh		
	ELS	0.005	kWh		
	ELN	0.002	kWh		
IMPKBR		-		KBR	1.0 kWh
IMPSKI		-		SKI	1.0 kg
IMPGAP		-		GAP	1.0 kWh
IMPLOD		-		LOD	1.0 kg

Das Erdgas ist Gas frei Grenze angenommen, d.h. hinzu kommen noch das Transport- und Verteilungssystem.
Der Modellimport der Kernbrennstoffe schließt hier den nuklearen Brennstoffzyklus mit ein, der nicht im Modell abgebildet ist. Die Kernbrennstoffe werden im Modell in Einheiten thermischer Energie bilanziert.
Die importierten Energieträger bekommen im Modell exogene Preise zugeordnet, die von Rechenfall zu Rechenfall anders gesetzt und dynamisiert werden können.

4.3.3 Kohlesektor

Die Kohlemengen im System werden bezogen aus den Quellen:

- heimische Steinkohle
- importierte Steinkohle
- heimische Braunkohle
- Koks aus hydrierender Kohlevergasung
- Petrolkoks aus der Raffinerie

Abbildung 13 zeigt ein Fließschema für den Kohleeinsatz. Die dazu gehörige Legende erklärt die Abkürzungen.

Die heimische Steinkohle und die Importkohle können beide zusammen zur Stromerzeugung/Fernwärmebereitstellung oder für die Kohleveredlung eingesetzt werden. Dabei ist vorgesehen, daß eine Mindestmenge ("Jahrhundertvertrag") an heimischer Steinkohle von den Kraftwerken bezogen wird (Variable XKK).

Die nationale Steinkohle kann darüber hinaus Eingang in die Kokereien zur Koksproduktion für die Stahlindustrie finden und direkt zur Prozeßwärmeerzeugung eingesetzt oder in Haushaltskohle umgewan-

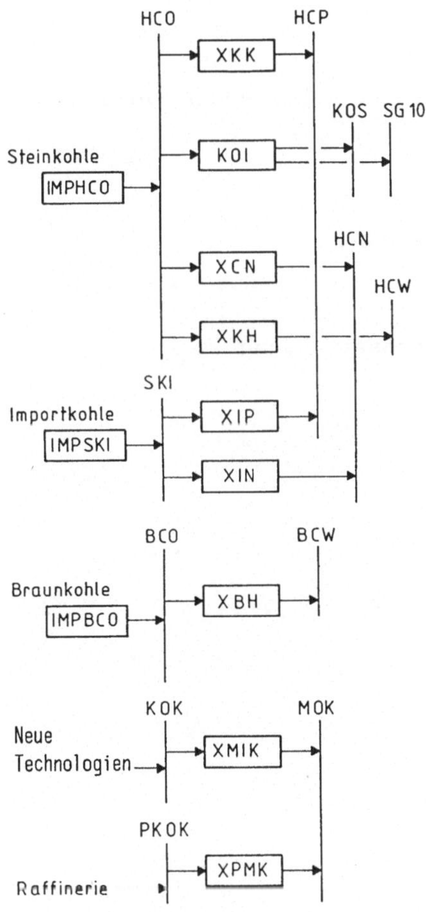

Abb. 13: Kohleverwendung

delt werden. Die Verwendung als Haushaltskohle ist mit einem Preisaufschlag von 110 DM/t verbunden.

Die Braunkohle kann direkt zur Stromerzeugung oder zur Herstellung von Prozeßwärme benutzt werden. Sie kann auch in Braunkohlebriketts für den Haushalt umgewandelt werden.

Koks aus der hydrierenden Kohlevergasung und Petrolkoks aus der Raffinerie können noch zur Stromerzeugung oder zur Synthesegaserzeugung verwertet werden (s. Neue Technologien).

Legende zum Kohlesektor

Technologien

XKK: Steinkohle für die Stromerzeugung, Jahrhundertvertrag
KOI: Kokerei
XCN: Steinkohle für NHIES
XKH: Umwandlung in Haushaltskohle
XIP: Importkohle für die Stromerzeugung
XIN: Importkohle für NHIES
XBH: Braunkohlebrikettierung
XMIK/XPMK: Koks für Strom- oder Synthesegaserzeugung

Stoffe

HCO: heimische Steinkohle
SKI: Importkohle
BCO: heimische Braunkohle
HCP: Kraftwerkskohle
HCN: Kohle für Kohleveredlung
KOS: Koks zur Stahlerzeugung
SG10: Kokereigas
HCW: Haushaltskohle
BCW: Braunkohlebriketts
KOK: Koks aus hydrierender Vergasung
PKOK: Petrolkoks
MOK: Koks für Synthesegaserzeugung

Die Input-/Outputkoeffizienten zu Abbildung 13 zeigt Tabelle 2.

Tabelle 2: Input-/Output-Koeffizienten Kohlesektor

	Input		Output		
XKK	HCO	1 kg	HCP	1	kg
KOI	HCO	1 kg	KOS	0.7	kg
			SG10	0.0088	kmol
XCN	HCO	1 kg	HCN	1	kg
XKH	HCO	1 kg	HCW	7.24	kWh
XIP	SKI	1 kg	HCP	1	kg
XIN	SKI	1 kg	HCN	1	kg
XBH	BCO	1 kg	BCW	2.07	kWh
XMIK	KOK	1 kg	MOK	1	kg
XPMK	PKOK	1 kg	MOK	1	kg

Mit Kosten belegt werden die Technologien gemäß Tabelle 3.

Nur die Kokerei wird als Technologie kapazitätsmäßig behandelt. Die nach 1980 noch vorhandenen Kokereikapazitäten aus Zeiten vor dem betrachteten Optimierungszeitraum (Resids) sind:

1. Periode 1980-1985: $37.6 \cdot 10^9$ kg/a (HCO)
2. Periode 1985-1990: $18.8 \cdot 10^9$ kg/a (HCO)
3. Periode 1990-1995: $9.4 \cdot 10^9$ kg/a (HCO)
4. Periode 1995-2000: $4.7 \cdot 10^9$ kg/a (HCO)

4.3.4 Raffineriesektor

Das benötigte Rohöl für die Raffinerie wird importiert (IMPOIL). Ebenfalls ist vorgesehen, daß auch leichtes Heizöl eingeführt werden kann

Tabelle 3: Auslastung und Kosten der Technologien im Kohlesektor

Technologie	Auslastung	Investitionen DM/kg/a	variable Kosten DM/kg	Bezug (Einheit)
KOI	0.6	0.024	0.0039	HCO (kg)
XKH	-	-	0.11	HCO (kg)
XBH	-	-	0.04	BCO (kg)

(IMPLOD). Diese Menge ist allerdings auf maximal 20 % des gesamten Ölimports limitiert. Die entsprechende LP-Gleichung lautet:

$$BALGL30 = 0.2 \cdot IMPOIL - 0.8 \cdot IMPLOD \geq 0$$

Abbildung 14 zeigt die Stoffströme und Umwandlungen im Raffineriesektor.

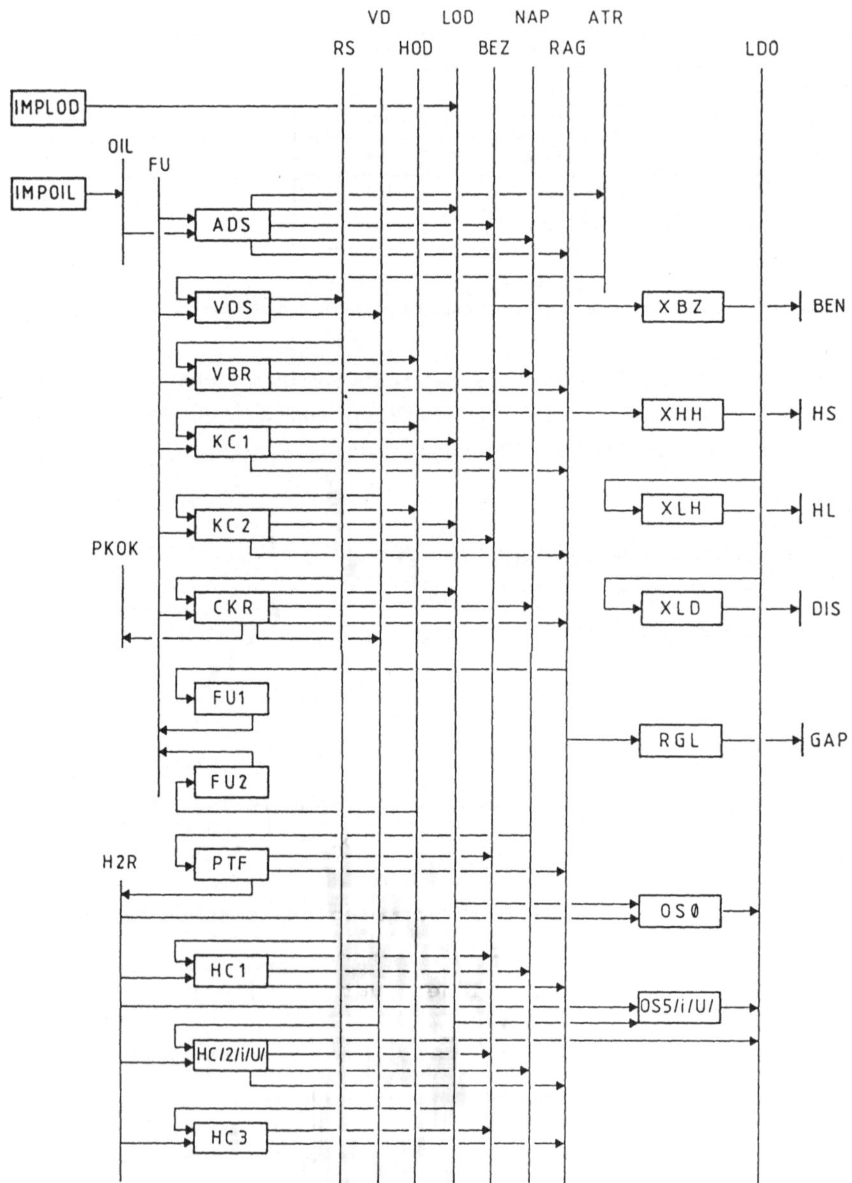

Abb. 14: Abbildung der Raffinerie

Das Erdöl wird zunächst in der atmosphärischen Destillation in schwere und leichte Fraktionen getrennt. Aus der schweren Fraktion wird in der Vakuumdestillation das sogenannte Vakuumdestillat herausgestellt. Übrig bleibt ein Rückstand, der im Visbreaker zu schwerem Heizöl aufgearbeitet oder im katalytischen Cracker zu leichteren Produkten gespalten wird. Abgebildet sind zwei Typen von katalytischen Crackern, die das Intervall für das Produktspektrum abgrenzen.

Auch im Rückstandscoker kann aus dem Rückstand im wesentlichen leichtes Heizöl gewonnen werden. Gleichzeitig entsteht Petrolkoks.

Das Vakuumdestillat kann auch im Hydrocracker mit Zufuhr von Wasserstoff zu leichteren Fraktionen gespalten werden. Dabei werden die Hydrocracker in zwei Klassen mit Naphtha bzw. leichtem Heizöl als Hauptprodukt aufgeteilt. Das leichte Heizöl aus dem Hydrocracker enthält um 50 % weniger Schwefel als das leichte Heizöl aus dem katalytischen Cracker bzw. Coker mit 0.3 Gewichtsprozent Schwefel. Naphtha, das nicht direkt nachgefragt wird, kann im Modell in einem Platformer zu Benzin umgewandelt werden. Dabei entsteht in der Reformierung auch Wasserstoff. Dieser Wasserstoff reicht normalerweise aus, um den Wasserstoffbedarf innerhalb der Raffinerie zu decken, eventuell kann auch Wasserstoff aus der Raffinerie abgegeben werden, vorgesehen ist aber auch ein Wasserstoffbezug für die Raffinerie aus anderen Quellen (z.B. Wasserdampfreformierung von Erdgas oder auch Wasserspaltung, Kohlevergasung etc.). Dies könnte erforderlich sein bei einem verstärkten Einsatz der Hydrocracker. Im Modell ist auch die Option eines Hydrocrackers von leichtem Heizöl zu Benzin vorgesehen.

In den meisten Verfahren entsteht neben flüssigen oder festen Produkten ein sogenanntes Raffineriegas. Dieses Gas kann als Unterfeuerung (zusammen mit schwerem Heizöl) genutzt werden oder ins Erdgasnetz abgegeben werden.

Es ist für das leichte Heizöl unterstellt, daß es normalerweise auf 0.3 Gewichtsprozent Schwefel verarbeitet wird (OSO) (mit Ausnahme des leichten Heizöls aus dem Hydrocracker).
Eine weitere Entschwefelung um 50 % unter Zufuhr von Wasserstoff ist vorgesehen.

Die Quantifizierung der normierten Input-/Output-Ströme der Technologien zeigt Tabelle 4.
Dazu und zur Abbildung 14 gilt die folgende Legende:

Tabelle 4: Input-/Output-Koeffizienten Raffineriesektor

Technologie	Input			Output		
ADS	OIL	1	kg	ATR	0.45	kg
	FU	0.015	kg	LOD	0.36	kg
				BEZ	0.01	kg
				NAP	0.175	kg
				RAG	0.005	kg
VDS	ATR	1	kg	RS	0.65	kg
	FU	0.005	kg	VD	0.35	kg
VBR	RS	1	kg	HOD	0.95	kg
	FU	0.01	kg	NAP	0.04	kg
				RAG	0.01	kg
KC1	VD	1	kg	HOD	0.11	kg
	FU	0.01	kg	LOD	0.20	kg
				BEZ	0.48	kg
				RAG	0.16	kg
KC2	VD	1	kg	HOD	0.13	kg
	FU	0.01	kg	LOD	0.34	kg
				BEZ	0.34	kg
				RAG	0.12	kg
CKR	RS	1	kg	VD	0.22	kg
	FU	0.02	kg	LOD	0.24	kg
				NAP	0.16	kg
				RAG	0.11	kg
				PKOK	0.27	kg
PTF	NAP	1	kg	BEZ	0.84	kg
				RAG	0.135	kg
				H2R	0.0125	kmol
HC1	VD	1	kg	BEZ	0.23	kg
	H2R	0.015	kmol	NAP	0.65	kg
				RAG	0.15	kg
HC/2/I/U/	VD	1	kg	LDO	0.74	kg
	H2R	0.01	kmol	BEZ	0.07	kg
				NAP	0.15	kg
				RAG	0.06	kg
HC3	LOD	1	kg	BEZ	0.87	kg
	H2R	0.01	kmol	RAG	0.15	kg
OS0	LOD	1	kg	LDO	1	kg
	H2R	0.0008	kmol			
OS5/ /I/U/	LOD	1	kg	LDO	1	kg
	H2R	0.0012	kmol			

Legende zum Raffineriesektor

Technologien

ADS:	atmosphärische Destillation
VDS:	Vakuumdestillation
VBR:	Visbreaker
KC1:	katalytischer Cracker (Schwerpunkt Benzin)
KC2:	katalytischer Cracker (Schwerpunkt Heizöl L)
CKR:	Rückstandscoker
PTF:	Platformer
HC1:	Hydrocracker (zu Naphtha/Benzin)
HC/2/I/U/:	Hydrocracker (zu Heizöl L für Endverbraucher/Industrie/ Kraftwerke)
HC3:	Hydrocracker für Heizöl L
FU1:	Raffinerie-Brennstoff aus Raffineriegas
FU2:	Raffinerie-Brennstoff aus Heizöl S
OSO:	Interne Entschwefelung von Heizöl L auf 0.3 GW % S
OS5/I/U/:	50 % Entschwefelung von Heizöl L
RGL:	Einspeisung von Raffineriegas ins Gasnetz

Stoffe (Dimension kg)

OIL:	Rohöl
RS:	Rückstand
VD:	Vakuumdestillat
ATR:	atmosphärischer Rückstand
HOD:	Heizöl S
LDO/LOD:	Heizöl L
BEZ:	Benzin
NAP:	Naphtha
RAG:	Raffineriegas
PKOK:	Petrolkoks
H2R:	Wasserstoff

Umrechnungen

XBZ:	1 kg Benzin	= 12.2 kWh Benzin
XLH:	1 kg Heizöl L	= 11.6 kWh Heizöl L
XLD:	1 kg Diesel	= 11.6 kWh Diesel

XHH: 1 kg Heizöl S = 10.5 kWh Heizöl S

RGL: 1 kg Raffineriegas = 13.3 kWh Raffineriegas

FU1: 1 kg Raffineriegas = 1.25 kg Brennstoff (HS)

FU2: 1 kg Heizöl S = 1 kg Brennstoff (HS)

Die molaren Ströme von SO_2, NO_x und CO_2 aus der Raffinerie werden im Unterkapitel "Umweltsektor" behandelt.

Die nachfolgende Tabelle 5 zeigt Auslastungsfaktor und Kosten sowie ihre Bezugsgrößen für die Raffinerie-Technologien. Nicht aufgeführte Technologien haben keine Kosten. Es wurde einheitlich eine Auslastung von 7000 h/a (= 0.8) angenommen.
Die Bauzeit beträgt 1 Jahr, und die Lebensdauer ist 20 Jahre für alle in Tabelle 5 ausgewiesenen Anlagen.

Tabelle 5: Auslastung und Kosten der Raffinerie-Technologien

Technologie	Auslastung	Investitionen DM/kg/a	variable Kosten DM/a	Bezug (Einheit)	
ADS	0.8	0.045	0.0045	OIL	(kg)
VDS	0.8	0.03	0.003	ATR	(kg)
VBR	0.8	0.07	0.007	RS	(kg)
KC1	0.8	0.25	0.025	VD	(kg)
KC2	0.8	0.25	0.025	VD	(kg)
CKR	0.8	0.40	0.040	RS	(kg)
PTF	0.8	0.11	0.011	NAP	(kg)
HC1	0.8	0.30	0.030	VD	(kg)
HC/2/I/U/	0.8	0.30	0.030	VD	(kg)
HC3	0.8	0.30	0.030	LOD	(kg)
OS5/ /I/U/	-	-	0.030	LOD	(kg)

Die im Raffineriesektor schon vorhandenen und vorgegebenen Kapazitäten (Resids) weist Tabelle 6 aus.
Das Resid einer Technologie in einer Periode i ist die noch in dieser Periode vorhandene Kapazität der Technologie aus Zeiten vor dem betrachteten Optimierungszeitraum 1980-2040. "Technologien", die keine Investitionsvariable haben, d.h., die ohne Kapazitäten gerechnet werden, haben auch keine Resids und sind somit in Tabelle 6 nicht aufgeführt.

Tabelle 6: Resids der Raffineriekapazitäten

Periode / Technologie	1 1980-85	2 1985-90	3 1990-95	4-8 1995-2040	Kapazitäts- einheit (10^9)
ADS	100	75	37.5	0	kg/a OIL
VDS	36	27	13.5	0	kg/a ATR
VBR	16	6	0	0	kg/a RS
KC1	5.2	3.9	1.95	0	kg/a VD
KC2	5.2	3.9	1.95	0	kg/a VD
CKR	4	2	1	0	kg/a RS
PTF	18.4	13.8	6.9	0	kg/a NAP
HC1	0.8	0.3	0	0	kg/a VD
HC/2/I/U/	0.8	0.3	0	0	kg/a VD
HC3	0	0	0	0	kg/a LOD

4.3.5 Gassektor

Das Gasmodell in MARNES ist eine Abbildung der öffentlichen Gasversorgung unter Zugrundelegung typischer Ganglinien einzelner Gasabnehmer. Die sich hieraus ergebende kumulative Ganglinie im Gasnetz über das Jahr wurde ebenfalls für bestimmte Kombinationen der Gasabnehmer modelliert.

Um die unterschiedlichen Lastkurven abbilden zu können, werden für die Gasverteilung zwei Netzebenen angenommen, das Hauptnetz, aufgeteilt nach Grundlast-, Mittellast- und Spitzenlast-Gas (analog zum elektrischen Strom), und das Unterverteilungsnetz, aufgeschlüsselt nach den Verbrauchssektoren. Diese werden in Gasabnehmer für Raumwärme (Haushalt), Prozeßenergie (Industrie) und Spitzenlast- bzw. Mittellaststromerzeugung (Kraftwerke) eingeteilt.

Abbildungen 15 und 16 zeigen die Gasverteilung sowie die Abbildung der Lastkurven. Das Naturgas, das importiert wird (IMPGAP), wird im Fern- und Transportnetz (VGGL, VGML und VGSL) auf die drei Lastbereiche aufgeteilt. Danach wird es über das Unterverteilungsnetz an die Verbraucher verteilt unter Berücksichtigung der Lastkurven der Haushalte und der Industrie. Die Zusammensetzung der Lastkurven ist in Tabelle 7 aufgetragen. So setzt sich z.B. das Industriegas aus 1/2 Grundlastgas, 1/3 Mittellastgas und 1/6 Spitzenlastgas mit einer

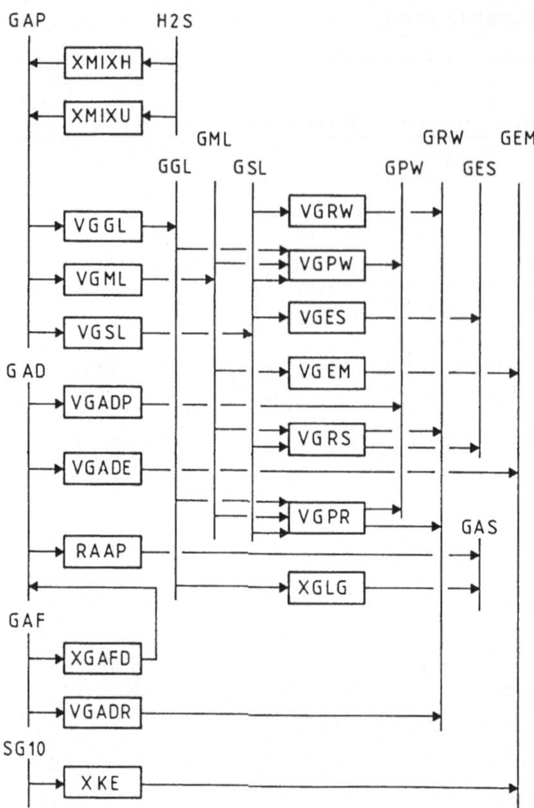

Abb. 15: Gasverteilung mit Lastabhängigkeiten

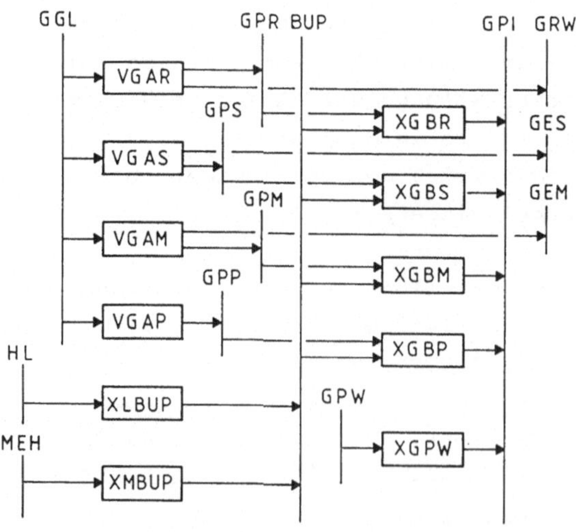

Abb. 16: Gasversorgung der Industrie

mittleren Auslastung von 4400 h/a zusammen. Das Gas, das im Gaskraftwerk bzw. in der Gasturbine verstromt werden soll, wird dem Mittellastgasnetz bzw. Spitzenlastgasnetz entnommen und an die Stromerzeuger verteilt.

Diese Verteilung (VGRW, VGPW, VGEM und VGES) entspricht einer entkoppelten Gasverteilung ohne Berücksichtigung, daß der zeitliche Verlauf der Gasnachfrage nicht bei allen Verbrauchern gleich ist (Lastkurve). Eine Nichtgleichzeitigkeit führt aber in der Kombination zu einer höheren Kapazitätsauslastung im Netz und somit zu niedrigeren Netzinvestitionen.

In MARNES ist dieser Möglichkeit Rechnung getragen mittels bestimmter "Technologien", die die Verbraucher kombinieren. So wird die resultierende maximale Netzauslastung bei Superposition der Lastkurven für die Gasabnehmer Haushalt und Industrie bzw. Haushalt und Spitzenlaststromkraftwerken simuliert.

Die Wirkung der letztgenannten Kombination, d.h. Haushaltsgas mit Spitzenstromgas soll hier als Beispiel beschrieben werden (s. auch Abbildung 15 und Tabelle 7).

Die Benutzerstunden für Raumwärmegas betragen 2200 h/a und entsprechen somit Spitzenlastgas. Für das Gas zu den Spitzenlastkraftwerken gilt dasselbe. Der maximale Gasbezug für Raumwärme und der für Spitzenlastkraftwerke sind aber zeitlich nicht gleich, d.h. die Ganglinien der zwei Gasabnehmer erlauben eine höhere Auslastung im Netz. Man erreicht aus den stilisierten Ganglinien die höchste Netzauslastung mit der Kombination 75 % Raumwärmegas und 25 % Spitzenlastkraftwerksgas. Die Netzauslastung beträgt dann 3000 h/a (statt 2200 h/a beim Abnehmer) und entspricht einem Netzbezug von 50 % Mittellastgas und 50 % Spitzenlastgas.

In der Industrie besteht die Möglichkeit, daß der Gasbezug zu gewissen Spitzenlastzeiten unterbunden werden kann ("abschaltbare Verträge"). Für die Zeiten, in denen die Industrie gemäß den abschaltbaren Verträgen nur begrenzte Gasmengen beziehen kann, ist eine Backup-Lösung vorgesehen. Als Backup kann entweder leichtes Heizöl oder Methanol (s. Neue Technologien) bezogen werden. Die Gasmenge aus abschaltbaren Verträgen in der Industrie ist mit dem Gasverbrauch der Haushalte und Gaskraftwerke über die Lastkurven gekoppelt, wobei eine

Tabelle 7: Input-/Output-Koeffizienten Gassektor

Technologie	Input			Output		
VGGL	GAP	1.0	kWh	GGL	1.0	kWh
VGML	GAP	1.0	kWh	GML	1.0	kWh
VGSL	GAP	1.0	kWh	GSL	1.0	kWh
VGADP	GAD	1.0	kWh	GPW	1.0	kWh
VGADE	GAD	1.0	kWh	GEM	1.0	kWh
VGADR	GAF	1.0	kWh	GRW	1.0	kWh
XGAFD	GAF	1.0	kWh	GAD	1.0	kWh
RAAP	GAD	1.0	kWh	GAS	0.0045	kmol
XGLG	GGL	1.0	kWh	GAS	0.0037	kmol
VGRW	GSL	1.0	kWh	GRW	1.0	kWh
VGPW	GGL	0.50	kWh	GPW	1.0	kWh
	GML	0.33	kWh			
	GSL	0.17	kWh			
VGES	GSL	1.0	kWh	GES	1.0	kWh
VGEM	GML	1.0	kWh	GEM	1.0	kWh
VGRS	GML	0.50	kWh	GES	0.25	kWh
	GSL	0.50	kWh	GRW	0.75	kWh
VGPR	GGL	0.50	kWh	GPW	0.67	kWh
	GML	0.22	kWh	GRW	0.33	kWh
	GSL	0.28	kWh			
VGAR	GGL	1.0	kWh	GRW	0.33	kWh
				GPR	0.67	kWh
VGAS	GGL	1.0	kWh	GES	0.33	kWh
				GPS	0.67	kWh
VGAM	GGL	1.0	kWh	GEM	0.67	kWh
				GPM	0.33	kWh
VGAP	GGL	1.0	kWh	GPP	1.0	kWh
XLBUP	HL	1.0	kWh	BUP	1.0	kWh
XMBUP	MEH	1.0	kWh	BUP	1.0	kWh
XGPW	GPW	1.0	kWh	GPI	1.0	kWh
XGBR	GPR	0.33	kWh	GPI	1.0	kWh
	BUP	0.67	kWh			
XGBS	GPS	0.33	kWh	GPI	1.0	kWh
	BUP	0.67	kWh			

Technologie	Input			Output		
XGBM	GPM	0.17	kWh	GPI	1.0	kWh
	BUP	0.83	kWh			
XGBP	GPP	0.50	kWh	GPI	1.0	kWh
	BUP	0.50	kWh			
XMIX/H/U	H2S	0.015	kmol	GAP	1.0	kWh
	ELG	0.04	kWh			
XKE	SG10	0.01	kmol	GEM	1.0	kWh

Im Modell wird der Gasbezug zur Industrie mittels abschaltbarer Verträge so gestaltet, daß in der Kombination mit anderen Gasabnehmern im Netz Grundlastgas bezogen wird.
Diese Kopplungen des Industriegasverbrauchs zusammen mit den Backup-Lösungen und den abschaltbaren Verträgen bestimmen dann die verfügbare Gasmenge im Industriegasnetz.

Abbildung 15 zeigt die Kombinationen und die Koeffizienten in Tabelle 7 quantifizieren die Kopplungen mittels Superposition der Lastkurven und die Menge des ergänzenden Ersatzenergieträgers (Backup).

Ein Beispiel soll die Wirkung der abschaltbaren Verträge zeigen:

Gekoppelt an die Lastkurve des Haushaltsgases wird im gemeinsamen Verteilungsnetz auch Gas an die Industrie geliefert, zeitlich so angepaßt, daß ein konstanter Gasbezug erreicht wird. Dies führt zu einer Mischung von 1/3 Haushaltsgas und 2/3 Industriegas und entspricht Grundlastgas im Netz (VGAR). Die zeitliche Verteilung der Gaslieferungen zur Industrie deckt sich aber jetzt nicht mit der Lastkurve des industriellen Bedarfs. Diese wird aber mit Ersatzenergien (Backup) aufgefüllt. Dabei müssen für jede Energieeinheit Gas zwei Einheiten Ersatz bezogen werden (XGBR).

In dieser Kombination ergibt sich also:

1 Einheit Haushaltsgas + 2 Einheiten Industriegas +
4 Einheiten Ersatz (leichtes Heizöl oder Methanol) =
3 Einheiten Grundlastgas + 4 Einheiten Ersatz

Integriert in der Gasverteilung ist auch der Methantransport im nuklearen Fernenergiesystem (NFE, s. Neue Technologien).
Das Methangas aus der Methanisierung (ADAM) wird entweder direkt in das Haushaltsgas- bzw. Industriegasnetz geleitet (VGADR bzw. VGADP) oder zur Verstromung transportiert (VGADE, offene NFE-Fahrweise). Das ADAM-Gas kann auch zusammen mit Gas aus dem Grundlastnetz in den Röhrenspaltofen (RSO, s. Neue Technologien) geleitet werden (RAAP bzw. XGLG, geschlossene NFE-Fahrweise). Das NFE-System ist detaillierter im Abschnitt "Neue Technologien" dargestellt.

Es besteht auch die Möglichkeit, Wasserstoff mit Erdgas zu mischen und im Erdgasnetz zu verteilen. Aus Gründen der Bilanzierung wird diese Einspeisung getrennt für Haushaltsgas und Industrie-/Kraftwerksgas modelliert (XMIXH und XMIXU). Das Wasserstoffgas wird mit elektrischer Energie verdichtet, bevor es ins Netz geleitet wird. Von der Kokerei kann Kokereigas an die Kraftwerke geleitet werden.

Die oben beschriebenen Kombinationen der Lastkurven und Energieträger stellen für den Rechner Optionen dar, um die Gasversorgung kostenoptimaler zu gestalten. Allerdings ist noch zu berücksichtigen, daß nicht der gesamte Gasbezug der Sektoren Haushalt, Industrie und Kraftwerk über gemeinsame Gasnetze bezogen wird und daß die Anwendung abschaltbarer Verträge nicht für alle Industriebetriebe möglich ist.
Aus einer Analyse der heutigen Gasversorgung ergeben sich folgende Restriktionen:

- Der Gasbezug aus den abschaltbaren Verträgen darf 1/3 des sonstigen industriellen Gasbezuges nicht übersteigen, d.h.

$$\mathrm{BALGL20} = 0.33 \cdot \mathrm{XGPW} - 0.33 \cdot \mathrm{XGBR} - 0.33 \cdot \mathrm{XGBS} - 0.17 \cdot \mathrm{XGBM} \geq 0$$

- Höchstens 13.5 % des Industriegases werden im Netz gemeinsam mit Haushaltsgas transportiert, d.h.

$$0.67 \cdot \mathrm{VGPR} + 0.67 \cdot \mathrm{VGAR} \leq 0.135 \cdot (\mathrm{XGPW} + 0.33 \cdot \mathrm{XGBR} + 0.33 \cdot \mathrm{XGBS} + 0.17 \cdot \mathrm{XGBM} + 0.5 \cdot \mathrm{XGBP})$$

$$\mathrm{BALGL21} = 0.135 \cdot \mathrm{XGPW} + 0.045 \cdot \mathrm{XGBR} + 0.045 \cdot \mathrm{XGBS} + 0.022 \cdot \mathrm{XGBM} + 0.068 \cdot \mathrm{XGBP} - 0.67 \cdot \mathrm{VGPR} - 0.67 \cdot \mathrm{VGAR} \geq 0$$

- Maximal 44 % des Kraftwerksgases werden aus gemeinsamen Verteilungsnetzen bezogen, d.h.

$$0.25 \cdot VGRS + 0.33 \cdot VGAS \leq 0.44 \cdot (0.25 \cdot VGRS + 0.33 \cdot VGAS + VGES)$$

$$BALGL22 = 0.44 \cdot VGES - 0.18 \cdot VGAS - 0.14 \cdot VGRS \geq 0$$

und

$$0.67 \cdot VGAM \leq 0.44 \cdot (0.67 \cdot VGAM + VGEM + VGADE + XKE)$$

$$BALGL23 = 0.44 \cdot VGEM + 0.44 \cdot XKE + 0.44 \cdot VGADE - 0.38 \cdot VGAM \geq 0$$

Eine Zumischung von Wasserstoff im Erdgasnetz ist ebenfalls nach oben begrenzt. Es wird angenommen, daß eine Zumischung bis maximal 20 Vol. % Wasserstoff keine Änderungen im Netz oder am Brenner erfordert. Ein Wasserstoffanteil von 20 Vol. % entspricht einem Energieanteil von 7 %. Hieraus ergeben sich folgende Restriktionen:

$$XMIXH \leq 0.07 \cdot (1.22 \cdot DHG + DBK)$$

$$BALGL25 = 0.0854 \cdot DHG + 0.07 \cdot DBK - XMIXH \geq 0$$

und

$$XMIXU \leq 0.07 \cdot (VGGL + VGML + VGSL + VGADP + VGADE - (1.22 \cdot DHG + DBK + XGLG))$$

$$BALGL26 = 0.07 \cdot VGGL + 0.07 \cdot VGML + 0.07 \cdot VGSL + 0.07 \cdot VGADP + 0.07 \cdot VGADE - 0.0854 \cdot DHG - 0.07 \cdot DBK - XGLG - XMIXU \geq 0$$

DHG bzw. DBK bezeichnen einen Normal- bzw. Brennwertkessel zur Raumwärmegasheizung (s. Abschnitt Endverbraucher).

Zu den Abbildungen 15 und 16, Tabelle 7 sowie den Gleichungen GL21 bis GL26 gehört folgende Legende:

Legende zum Gassektor

Technologien

VGGL: Erdgas-Fernnetz (Grundlast)

VGML: Erdgas-Fernnetz (Mittellast)

VGSL: Erdgas-Fernnetz (Spitzenlast)

VGADP: NFE-Methan als Industriegas (lokal)

VGADE: NFE-Methan als Kraftwerksgas mit Verteilung

VGADR: NFE-Methan als Haushaltsgas mit Verteilung

XGAFD: Zusammenführung des Haushalts-, Industrie- und Kraftwerksgases aus dem NFE-System

RAAP: NFE-Methan Rückleitung zum Röhrenspaltofen

XGLG: Bereitstellung von Erdgas für den Röhrenspaltofen

VGRW: Erdgasverteilung mit Lastkurve Haushalt

VGPW: Erdgasverteilung mit Lastkurve Industrie

VGEM: Erdgasverteilung mit Lastkurve Mittellastkraftwerk

VGES: Erdgasverteilung mit Lastkurve Spitzenlastkraftwerk

VGRS: Erdgasverteilung für Haushalt und Spitzenlastkraftwerk mit Netzausgleich

VGPR: Erdgasverteilung für Haushalt <u>und</u> Industrie mit Netzausgleich

VGAR: Erdgasverteilung für Industrie (abschaltbar) <u>und</u> Haushalt mit Grundlastgas

VGAS: Erdgasverteilung für Industrie (abschaltbar) <u>und</u> Spitzenlastkraftwerk mit Grundlastgas

VGAM: Erdgasverteilung für Industrie (abschaltbar) <u>und</u> Mittellastkraftwerk mit Grundlastgas

VGAP: Erdgasverteilung für Industrie (abschaltbar) mit Grundlastgas

XLBUP: leichtes Heizöl als Gasersatz für die Industrie

XMBUP: Methanol als Gasersatz für die Industrie

XGPW: Bereitstellung von Industriegas

XGBR: Bereitstellung von Gas und Gasersatz für die Industrie mit VGAR

XGBS: Bereitstellung von Gas und Gasersatz für die Industrie mit VGAS

XGBM: Bereitstellung von Gas und Gasersatz für die Industrie mit VGAM

XGBP: Bereitstellung von Gas und Gasersatz für die Industrie mit VGAP

XMIXH: Zumischung von Wasserstoff ins Erdgasnetz (Haushalte)

XMIXU: Zumischung von Wasserstoff ins Erdgasnetz (Industrie und Kraftwerke)

XKE: Kokereigas für Kraftwerke

Gasklassen

GAP: importiertes Erdgas
GAD: NFE-Methan aus Prozeßenergie
GAF: NFE-Methan aus Fernwärme
GGL: Grundlastgas
HML: Mittellastgas
GSL: Spitzenlastgas
GPW: Gas für Prozeßwärme (Industrie)
GRW: Gas für Raumwärme (Haushalt)
GES: Gas für Spitzenlastkraftwerk
GEM: Gas für Mittellastkraftwerk
GAS: Gas für Reformierung (s. Neue Technologien)
GPR: abschaltbares Gas für Industrie/Haushalt
GPS: abschaltbares Gas für Industrie/Spitzenlastkraftwerk
GPM: abschaltbares Gas für Industrie/Mittellastkraftwerk
GPP: abschaltbares Gas für Industrie
GPI: Gas und Gasersatz (Backup) für Industrie

Erdgasersatz

HL: leichtes Heizöl
MEH: Methanol (s. Neue Technologien)
BUP: Gasersatz für abschaltbares Gas (Industrie)
H2S: Wasserstoff
SG10: Kokereigas

Strom

ELG: Grundlaststrom

In Tabelle 8 sind Auslastung und Kosten der Gasnetze eingetragen. Die Bauzeit bzw. Lebensdauer der Netze beträgt für alle Technologien 1 Jahr bzw. 30 Jahre.

Die Auslastung beträgt für Grundlastgas 0.75, für Mittellastgas 0.50 und für Spitzenlastgas 0.25. Für Technologien mit Lastkurven ergibt sich die Auslastung nach Wichtung der Lastbereiche, z.B. für die Technologie VGPR (s. Tabelle 7) ergibt sich eine Auslastung von

$$1.0 / (0.5/0.75 + 0.22/0.50 + 0.28/0.25) = 0.45.$$ Für die

Tabelle 8: Auslastung und Kosten der Gasnetze

Technologie	Auslastung	Investitionen (DM/kW)	variable Kosten (DM/kWh)	Bezug (Einheit)	
VGGL	0.75	65	0	GGL	(kWh)
VGML	0.50	65	0	GML	(kWh)
VGSL	0.25	65	0	GSL	(kWh)
VGADE	0.50	22	0.001	GAD	(kWh)
VGADR	0.25	445	0.002	GAF	(kWh)
RAAP	0.75	130	0.0006	GAD	(kWh)
XGAFD	0.40	40	0	GAF	(kWh)
VGRW	0.25	540	0.0031	GRW	(kWh)
VGPW	0.50	150	0.0009	GPW	(kWh)
VGES	0.25	240	0.0014	GES	(kWh)
VGEM	0.50	240	0.0014	GEM	(kWh)
VGRS	0.33	540	0.0028	GES + GRW	(kWh)
VGPR	0.45	380	0.0016	GPW + GRW	(kWh)
VGAR	0.75	540	0.0016	GPR + GRW	(kWh)
VGAS	0.75	285	0.0011	GPS + GES	(kWh)
VGAM	0.75	285	0.0011	GPM + GEM	(kWh)
VGAP	0.75	150	0.0009	GPP	(kWh)
XKE	0.50	240	0.0014	GEM	(kWh)

Für die Investitionskosten wurde angesetzt:

65 DM/kW beim Fernnetz
95 DM/kW beim Transportnetz
445 DM/kW beim Verteilungsnetz

Die Investitionen der Technologien setzen sich anteilig aus diesen Investitionskosten zusammen. Dabei wurde berücksichtigt, daß nicht die gesamte Gasmenge für alle Sektoren (Haushalt, Industrie und Kraftwerke) über alle drei Netzebenen fließen. So werden z.B. etwa 85 % des Industriegases schon vom Transportnetz direkt bezogen.

Investitionskosten werden in DM/kW (Gas) angegeben. Rechnerintern wird die Dimension DM/kWh/a benutzt, wobei

DM/kWh/a = (DM/kW)/(8760 h/a)

sind. Technologien ohne Kosten sind nicht in Tabelle 8 aufgeführt.

Die Resids der Gasnetze zeigt Tabelle 9. Das Resid einer Technologie in einer Periode i ist die noch in dieser Periode vorhandene Kapazität der Technologie aus Zeiten von dem betrachteten Optimierungszeitraum 1980-2040.

Die Resids der einzelnen und kombinierten Netze, so wie sie im Modell abgebildet sind, wurden durch Rechnersimulation der Gasversorgung in der Bundesrepublik ermittelt.

Der zeitlich Abbau der Resids basiert auf folgenden Annahmen für den Anfang des Optimierungszeitraums:

jünger	als	5	Jahre	sind	25 %	der	Netzkapazitäten
"	"	15	"	"	50 %	"	"
"	"	20	"	"	70 %	"	"
"	"	25	"	"	80 %	"	"
"	"	30	"	"	90 %	"	"

Aufgeführt sind in Tabelle 9 nur kapazitive Technologien.

4.3.6 Stromsektor

Die Technologien zur Stromerzeugung unterscheiden sich nach drei Klassen in der Auslastung:

- Grundlastkraftwerke mit einer Auslastung von 6200 Vollaststunden im Jahr (ohne Nachtstrom)
- Mittellastkraftwerke mit einer Auslastung von 3500 Vollaststunden im Jahr
- Spitzenlastkraftwerke mit einer Auslastung von 2000 Vollaststunden im Jahr

Für die Erzeugung des Grundlaststroms sind drei Kraftwerkstypen, Kernkraftwerke, Braunkohlekraftwerke und Steinkohlekraftwerke abgebildet. Die Nachtstromerzeugung ist über Restriktionsgleichungen mit der Grundlaststromerzeugung gekoppelt. Die Menge des erzeugten Nachtstroms ist auf maximal 14 % der Menge des Grundlaststroms begrenzt.

Tabelle 9: Resids der Netzkapazitäten im Gassektor

Periode / Technologie	1980-1985	1985-1990	1990-1995	1995-2000	2000-2010	2010-2040
VGGL	7.19	6.39	5.59	4.00	2.00	0
VGML	46.23	41.09	35.96	25.68	12.84	0
VGSL	92.47	82.19	71.92	51.37	25.68	0
VGADE	0	0	0	0	0	0
VGADR	0	0	0	0	0	0
RAAP	0	0	0	0	0	0
XGAFD	0	0	0	0	0	0
VGRW	22.60	20.09	17.58	12.56	6.28	0
VGPW	32.36	28.77	25.17	17.98	8.99	0
VGES	10.27	9.13	7.99	5.71	2.85	0
VGEM	14.38	12.79	11.19	7.99	4.00	0
VGRS	43.15	38.36	33.56	23.97	11.99	0
VGPR	8.23	7.31	6.39	4.57	2.28	0
VGAR	0	0	0	0	0	0
VGAS	4.32	3.84	3.36	2.40	1.20	0
VGAM	9.25	8.22	7.19	5.14	2.57	0
VGAP	0	0	0	0	0	0
XKE	5.14	4.57	4.00	2.85	1.43	0

Für die Erzeugung des Mittellaststroms sind sechs Kraftwerkstypen vorgesehen. Diese sind Kernkraftwerke, Steinkohlekraftwerke, Braunkohlekraftwerke, Gaskraftwerke (die mit Mittellastgas versorgt werden), Ölkraftwerke (die schweres Heizöl aus der Raffinerie beziehen) und Wasserkraftwerke.

Die Erzeugung des Spitzenlaststroms erfolgt in den drei Kraftwerkstypen Steinkohlekraftwerke, Gaskraftwerke (die mit Spitzenlastgas versorgt werden) und Ölkraftwerke (die leichtes Heizöl aus der Raffinerie beziehen).

Der Transport des Stroms ist zunächst mit einer Hochspannungsverteilung differenziert nach Lastbereichen abgebildet. Hier werden gleichzeitig die Transportverluste berücksichtigt. Auf der Ebene der Unter- und Endverteilung werden die unterschiedlichen Lastkurven der ver-

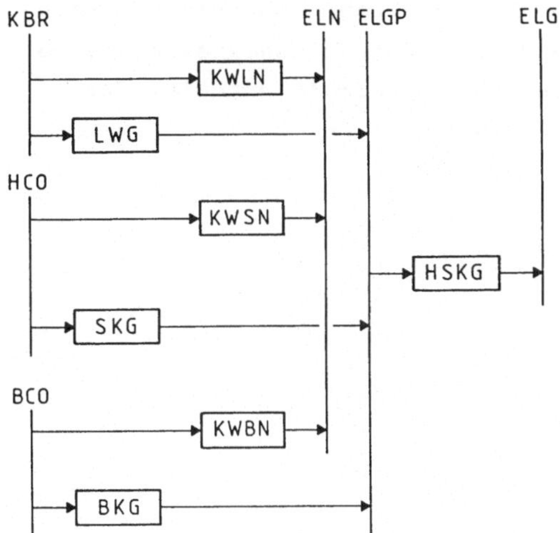

Abb. 17: Grundlast- und Nachtstromerzeugung

schiedenen Verbraucher durch spezielle Technologien abgebildet. Dabei werden die Lastkurven näherungsweise aus den Anteilen von Grundlast-, Mittellast- und Spitzenlaststrom sowie Nachtstrom zusammengesetzt. Betrachtet werden die Lastkurven im Industriesektor, für den Sektor der Kleinverbraucher, für Licht und Kraft im Haushalt sowie für die Direktheizung im Haushalt. Die Zusammensetzung der Lastkurven ist Tabelle 10 zu entnehmen. Der Strom für die Nachtstromheizung wird rechnerisch den Haushalten direkt (ohne Verteilungskosten) zugeführt.

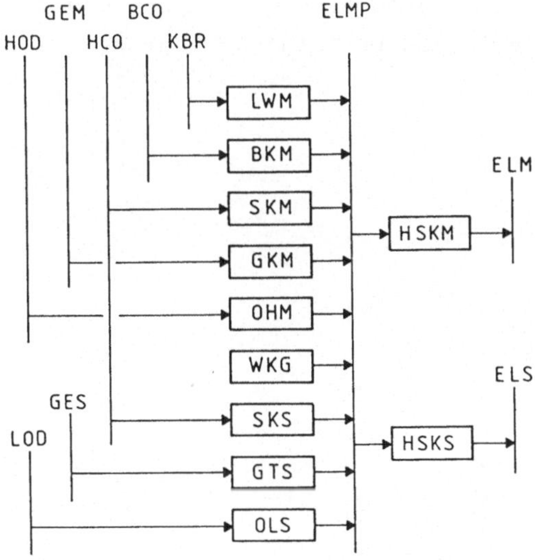

Abb. 18: Mittel- und Spitzenlaststromerzeugung

Bei der Endverteilung wird dann der Stromverbrauch der Kleinverbraucher den Nachfragesektoren Haushalt und Industrie zugewiesen, da der Nachfragevektor die Kleinverbraucher nicht explizit enthält. Der Strom als Endenergieträger ist dann aufgeteilt in

- Strom für den Industriesektor (Prozeßenergie)
- Strom für Raumheizung (Direktheizung)
- Strom für Licht und Kraft
- Strom für Nachtspeicherheizung

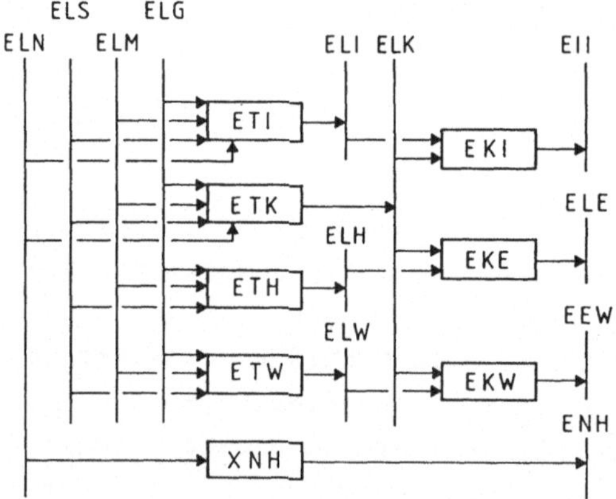

Abb. 19: Unter- und Endverteilung im Stromsektor

Das Flußbild für die Stromerzeugung und Stromverteilung zeigen die Abbildungen 17, 18 und 19. In der Tabelle 10 sind die Input- und Outputkoeffizienten aufgeführt. Hierzu gehört folgende Legende:

Legende zum Stromsektor

Technologien

LWG: Kernkraftwerk Grundlast
BKG: Braunkohlekraftwerk Grundlast
SKG: Steinkohlekraftwerk Grundlast
LWM: Kernkraftwerk Mittellast
BKM: Braunkohlekraftwerk Mittellast
SKM: Steinkohlekraftwerk Mittellast
GKM: Gaskraftwerk Mittellast

OHM: Ölkraftwerk (HS) Mittellast
WKG: Wasserkraftwerk Mittellast
SKS: Steinkohlekraftwerk Spitzenlast
GTS: Gaskraftwerk Spitzenlast
OLS: Ölkraftwerk (HL) Spitzenlast
KWLN: Nachtstrom Kernkraftwerk
KWBN: Nachtstrom Braunkohlekraftwerk
KWSN: Nachtstrom Steinkohlekraftwerk
HSKG: Hochspannungsverteilung Grundlast
HSKM: Hochspannungsverteilung Mittellast
HSKS: Hochspannungsverteilung Spitzenlast
ETI: Unterverteilung mit Lastkurve für Industrie
ETK: Unterverteilung mit Lastkurve für Kleinverbraucher
ETH: Unterverteilung mit Lastkurve für Licht und Kraft im Haushalt
ETW: Unterverteilung mit Lastkurve für Direktheizung im Haushalt
EKI: Zuweisung des Kleinverbraucherstroms auf den Industriesektor
EKE: Zuweisung des Kleinverbraucherstroms auf die Nachfrage von Strom zu Licht und Kraft
EKW: Zuweisung des Kleinverbraucherstroms auf die elektrische Direktheizung
XNH: Bereitstellung von Nachtstrom beim Verbraucher

Stromklassen

ELGP: Grundlaststrom nach Erzeugung
ELMP: Mittellaststrom nach Erzeugung
ELSP: Spitzenlaststrom nach Erzeugung
ELN: Nachtstrom
ELG: Grundlaststrom nach Hochspannungsverteilung
ELM: Mittellaststrom nach Hochspannungsverteilung
ELS: Spitzenlaststrom nach Hochspannungsverteilung
ELI: Industriestrom nach Unterverteilung
ELK: Kleinverbraucherstrom nach Unterverteilung
ELH: Strom für Licht und Kraft im Haushalt nach Unterverteilung
ELW: Strom für Direktheizung im Haushalt nach Unterverteilung
EII: Verbraucherstrom für Prozeßwärme
EEW: Verbraucherstrom für Raumwärme (Direktheizung)
ELE: Verbraucherstrom für Licht und Kraft
ENH: Verbraucherstrom für Nachtspeicherheizung

Energieträger

KBR: Kernbrennstoff
BCO: Braunkohle
HCP: Steinkohle (Kraftwerk)
HOD: schweres Heizöl
GEM: Erdgas (Mittellast)
GES: Erdgas (Spitzenlast)

Die molaren Ströme von SO_2, NO_x und CO_2 sowie Entschwefelungs- und Entstickungsanlagen werden im Unterkapitel "Umweltsektor" behandelt.

Ergänzend zu Tabelle 10 kommen die Gleichungen für die Begrenzung des Nachtstroms auf maximal 14 % des Grundlaststroms:

BALGL13 = 0.14•LWG - KWLN ≥ 0 (Kernenergie)
BALGL14 = 0.14•BKG - KWBN ≥ 0 (Braunkohle)
BALGL15 = 0.14•SKG - KWSN ≥ 0 (Steinkohle)

In Tabelle 11 werden Bauzeiten, Auslastung und Kosten der Kraftwerke und der Stromverteilungsnetze angegeben. Die Lebensdauer wurde einheitlich für alle Kraftwerke auf 20 Jahre gesetzt. Für die Stromverteilung gilt eine Lebensdauer von 50 Jahren. Die Auslastung der Stromverteilungsnetze beträgt rechnerisch ca. 4800 h/a (= 0.55) für Industriestrom, ca. 3100 h/a (= 0.35) für Kleinverbraucherstrom, ca. 2200 h/a (0.25) für Strom, Licht und Kraft und ca. 1750 h/a (= 0.20) für Heizungsstrom. Technologien, die nicht mit Kosten verbunden sind (d.h. z.B. die Abbildung der Lastkurven), werden nicht aufgeführt.

Die Investitionskosten werden hier in DM/kW angegeben, da dies der übliche Bezug ist. Eine Umrechnung auf eine rechnerinterne Dimension geschieht durch Division mit 8760 h/a, d.h.

DM/kWh/a = (DM/kW)/(8760 h/a)

Die Wasserkraftwerke werden nicht weiter ausgebaut. Diese sind also auf dem heutigen Stand nach oben limitiert und haben somit keine Investkosten.
Die ausgewiesenen variablen Kosten enthalten Ersatzteile und Wartung.

Tabelle 10: Input-/Output-Koeffizienten Stromsektor

Technologie	Input			Output			(%)
LWG	KBR	3.0	kWh	ELGP	1.0	kWh	33.5
BKG	BCO	1.16	kg	ELGP	1.0	kWh	37
SKG	HCP	0.341	kg	ELGP	1.0	kWh	36
KWLN	KBR	3.12	kWh	ELN	1.0	kWh	32
KWBN	BCO	1.21	kg	ELN	1.0	kWh	35.5
KWSN	HCP	0.355	kg	ELN	1.0	kWh	34.5
LWM	KBR	3.1	kWh	ELMP	1.0	kWh	32.5
BKM	BCO	1.23	kg	ELMP	1.0	kWh	35
SKM	HCP	0.361	kg	ELMP	1.0	kWh	34
GKM	GEM	2.70	kWh	ELMP	1.0	kWh	37
OHM	HOD	0.272	kg	ELMP	1.0	kWh	35
WKG	-			ELMP	1.0	kWh	(40)
SKS	HCP	0.396	kg	ELSP	1.0	kWh	31
GTS	GES	3.2	kWh	ELSP	1.0	kWh	31.5
OLS	LDO	0.241	kg	ELSP	1.0	kWh	36
HSKG	ELGP	1.04	kWh	ELG	1.0	kWh	96
HSKM	ELMP	1.05	kWh	ELM	1.0	kWh	95
HSKS	ELSP	1.06	kWh	ELS	1.0	kWh	94
ETI	ELG	0.80	kWh	ELI	1.0	kWh	-
	ELM	0.18	kWh				
	ELS	0.01	kWh				
	ELN	0.01	kWh				
ETK	ELG	0.65	kWh	ELK	1.0	kWh	-
	ELM	0.24	kWh				
	ELS	0.04	kWh				
	ELN	0.07	kWh				
ETH	ELG	0.10	kWh	ELH	1.0	kWh	-
	ELM	0.68	kWh				
	ELS	0.22	kWh				
ETW	ELG	0.80	kWh	ELW	1.0	kWh	-
	ELM	0.18	kWh				
	ELS	0.01	kWh				
EKI	ELI	0.9	kWh	EII	1.0	kWh	-
	ELK	0.1	kWh				
EKE	ELK	0.5	kWh	ELE	1.0	kWh	-
	ELH	0.5	kWh				
EKW	ELK	0.3	kWh	EEW	1.0	kWh	-
	ELW	0.7	kWh				
XNH	ELN	1.0	kWh	ENH	1.0	kWh	-

Tabelle 11: Bauzeit, Auslastung und Kosten im Stromsektor

Technologie	Bauzeit (Jahre)	Auslastung	Investitionen (DM/kW)	variable Kosten (DM/kWh)	Bezug (Einheit)
LWG	6	0.71	2935	0.014	ELGP (kWh)
BKG	4	0.71	1605	0.011	ELGP (kWh)
SKG	4	0.71	1330	0.009	ELGP (kWh)
LWM	6	0.40	3085	0.021	ELMP (kWh)
BKM	4	0.40	1690	0.022	ELMP (kWh)
SKM	4	0.40	1330	0.013	ELMP (kWh)
GKM	2	0.40	800	0.009	ELMP (kWh)
OHM	2	0.40	1040	0.012	ELMP (kWh)
WKG	-	0.40	-	0.022	ELMP (kWh)
SKS	4	0.23	1330	0.0195	ELSP (kWh)
GTS	1	0.23	330	0.018	ELSP (kWh)
OLS	2	0.23	930	0.015	ELSP (kWh)
KWLN	-	-	-	0.012	ELN (kWh)
KWBN	-	-	-	0.016	ELN (kWh)
KWSN	-	-	-	0.014	ELN (kWh)
HSKG	-	-	-	0.0005	ELG (kWh)
HSKM	-	-	-	0.001	ELM (kWh)
HSKS	-	-	-	0.0015	ELS (kWh)
ETI	1	0.55	350	0.004	ELI (kWh)
ETK	1	0.35	550	0.005	ELK (kWh)
ETH	1	0.25	650	0.006	ELH (kWh)
ETW	1	0.20	500	0.0055	ELW (kWh)

Tabelle 12 enthält die vorgegebenen Resids im Stromsektor. Das Resid einer Technologie in einer Periode i ist die noch in dieser Periode vorhandene Kapazität der Technologie aus Zeiten von dem betrachteten Optimierungszeitraum 1980-2040. "Technologien", die keine Investitionsvariable haben, d.h., die ohne Kapazitäten gerechnet werden, haben auch keine Resids und sind somit in Tabelle 12 nicht aufgeführt.

Tabelle 12: Resids der Kraftwerks- und Stromnetzkapazitäten

Technologie \ Periode	1 1980- 1985	2 1985- 1990	3 1990- 1995	4 1995- 2000	5 2000- 2010	6 2010- 2020	7-8 2020- 2040
LWG	8.22	6.39	4.57	0	0	0	0
BKG	10.96	6.85	3.43	0	0	0	0
SKG	1.28	0.86	0.43	0	0	0	0
LWM	0	0	0	0	0	0	0
BKM	0	0	0	0	0	0	0
SKM	13.27	8.85	4.42	0	0	0	0
GKM	5.42	2.71	0	0	0	0	0
OHM	3.14	1.57	0	0	0	0	0
SKS	12.71	8.28	4.14	0	0	0	0
GTS	2.85	1.43	0	0	0	0	0
OLS	0	0	0	0	0	0	0
ETI	12.05	11.80	11.43	10.67	6.28	1.26	0
ETK	35.07	34.34	33.24	31.05	21.92	3.65	0
ETH	41.64	40.78	39.47	36.87	26.03	4.34	0
ETW	14.25	13.95	13.50	12.61	7.42	1.48	0

4.3.7 Neue Technologien (NHIES)

4.3.7.1 Übersicht

Die neuen Technologien in MARNES stellen zukünftige Energieumwandlungstechnologien dar, die im nächsten Jahrhundert zum Einsatz kommen könnten, wenn Energiepreise und Umweltanforderungen steigen. Voraussetzung ist, daß die technische Reife für einen großtechnischen Einsatz bis dahin erreicht wird. Die Abbildung und Vernetzung der neuen Technologien in MARNES basieren auf den folgenden in Kapitel 2 bereits genannten drei Leitgedanken:

1. Zerlegung der Einsatzstoffe und Reinigung
2. Vernetzung verschiedener Konversionsverfahren auf der Basis unterschiedlicher Primärenergieträger bei der Zerlegung in die wesentlichen Energiebausteine CO, H_2, O_2
3. Allokation und Synthese der Endenergieträger

Die Abbildung der neuen Energiesysteme beinhaltet eine Zusammenstellung von ca. 70 Technologien. Die wesentlichen Technologiegruppen sind in Abbildung 20 dargestellt:

1. Die Gruppe der Wasserstoff- und Sauerstoffproduzenten. Hier sind Luftzerlegungs- und Elektrolyseanlagen erfaßt.
2. Die Gruppe der Kohleveredlungstechnologien, die SNG, Synthesegas, d.h. CO/H_2-Gemische herstellen, mit der Möglichkeit, über Trennanlagen CO oder H_2 getrennt auszuschleusen. Hier sind sowohl nukleare als auch autotherme Verfahren abgebildet.
3. Die Gruppe der Erdgas- und Öl-Zerlegungsverfahren zu Synthesegas mit der Möglichkeit der Ausschleusung einzelner Gaskomponenten.
4. Konvertierungs- bzw. Mischverfahren.
5. Synthesegas bzw. CO- und H_2-Umwandlungsverfahren (Methanolsynthese, H_2-Mischverfahren zu Erdgas, H_2-Turbine, CO-Turbine). Bei den Gasturbinen ist daran gedacht, bei der Verwendung von O_2 eine neue Turbinen-Technik mit hohem Wirkungsgrad einzusetzen.

Die neuen Technologien können somit durch Auswahl aus der gesamten Primärenergiepalette Kernenergie, Braun-, Steinkohle, Erdgas, Öl für den Endenergieverbrauch Strom, H_2, CH_4, CH_3OH und Wärme bereitstellen, d.h., sie können im Prinzip die gleichen Energiebedürfnisse erfüllen wie die konventionellen Systeme. Sie sind damit als Additiv oder als Alternative zu den konventionellen Technologien im Modell abgebildet.

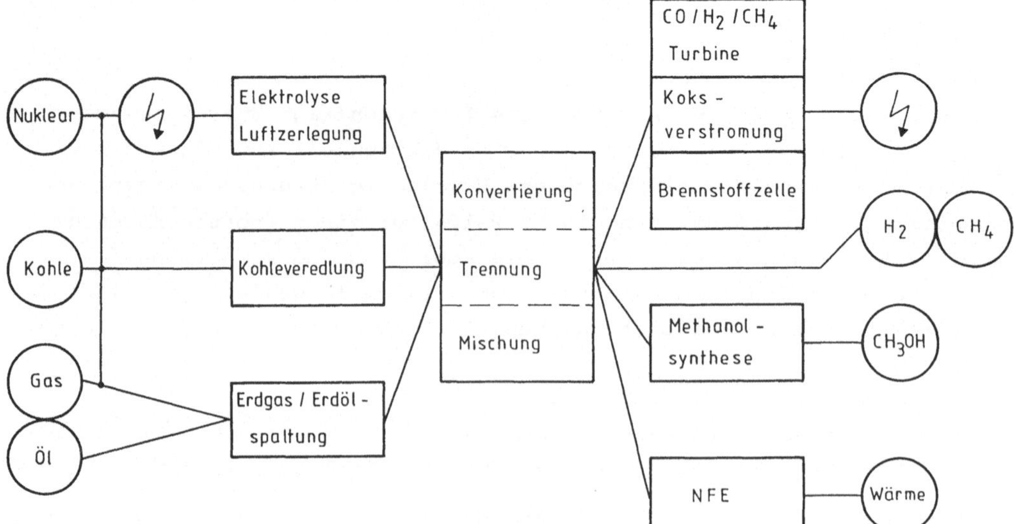

Abb. 20: Struktur eines Systems aus neuen Technologien

Im folgenden werden die neuen Technologien in Blöcken zusammengefaßt und beschrieben. Die einzelnen Technologien sind autark abgebildet und benötigen daher nur die in den Flußbildern dargestellten Eingangsstoffe und -energien. Dabei werden die folgenden modellinternen Abkürzungen benutzt:

Technologien

OLV:	Rohölvergaser
ICI:	Erdgasreformierung
RSO	Röhrenspaltofen mit HTR (Hochtemperaturreaktor)
WKV:	Wasserdampfkohlevergasung mit HTR (Steinkohle)
WKVB:	Wasserdampfkohlevergasung mit HTR (Braunkohle)
HKV:	hydrierende Kohlevergasung mit HTR (Steinkohle)
HKVB:	hydrierende Kohlevergasung mit HTR (Braunkohle)
SEPE:	Luftzerlegung
ELY:	Wasserelektrolyse
ELYM:	Wasserelektrolyse off-peak
MIP:	autotherme Kohlevergasung (Steinkohle)
MIPKOK:	autotherme Kohlevergasung (Koks)
XMIK:	Bereitstellung von Koks für MIPKOK
KOKW:	Koksverstromung mit Sauerstoff (Grundlast)
KOKWM:	Koksverstromung mit Sauerstoff (Mittellast)
SVH2:	hydrierende Kohlevergasung von Steinkohle mit externem Wasserstoff
BVH2:	hydrierende Kohlevergasung von Braunkohle mit externem Wasserstoff
L1M:	Allokation der Komponenten des MIP-Gases
L2M:	Allokation der Komponenten des RSO-Gases
L3M:	Allokation der Komponenten des HKV-Gases
L4M:	Allokation der Komponenten des MIPKOK-Gases
L5M:	Allokation der Komponenten des WKV-Gases
L6M:	Allokation der Komponenten des HKVB-Gases
L7M:	Allokation der Komponenten des WKVB-Gases
L8M:	Allokation der Komponenten des ICI-Gases
L9M:	Allokation der Komponenten des OLV-Gases
L10M:	Allokation der Komponenten des Kokereigases
TRENN1:	Trennanlage für MIP-Gas
TRENN2:	Trennanlage für RSO-Gas
TRENN3:	Trennanlage für HKV-Gas
TRENN4:	Trennanlage für MIPKOK-Gas

TRENN5: Trennanlage für WKV-Gas
TRENN6: Trennanlage für HKVB-Gas
TRENN7: Trennanlage für WKVB-Gas
TRENN8: Trennanlage für ICI-Gas
TRENN9: Trennanlage für OLV-Gas
TRENN10: Trennanlage für Kokereigas
KONV: CO-Konvertierung im Gasgemisch
KONE: Konvertierung des reinen CO
CHNG: Einspeisung von CH_4 ins Erdgasnetz
LH2M: Leitung H_2-Synthesegas
LCOM: Leitung CO-Synthesegas
LCO2M: Leitung CO_2-Synthesegas
LH2S: Leitung reines H_2-Gas
LCOS: Leitung reines CO-Gas
LCO2S: Leitung reines CO_2-Gas
LO2S: Leitung reines O_2-Gas
LHRS: Überschuß Wasserstoff aus der Raffinerie
LHSR: Wasserstoffzufuhr zur Raffinerie
SEPV: Luftzerlegung
TRENN: Trennanlage für CO-Komponente
THI: Wasserstoffleitung zur Industrie
THG: Wasserstoffleitung zum Haushalt und Verkehr
THL: Wasserstofftransport und Verflüssigung
MEOH: Methanolsynthese
XMH: Bereitstellung von Methanol als Brennstoff
XMF: Bereitstellung von Methanol als Kraftstoff
H2TS: Wasserstoffturbine mit O_2, Spitzenlaststrom
COTM: CO-Turbine mit O_2, Mittellaststrom
COTS: CO-Turbine mit O_2, Spitzenlaststrom
BH2G: Brennstoffzelle mit H_2, Grundlaststrom
BH2M: Brennstoffzelle mit H_2, Mittellaststrom
BCOG: Brennstoffzelle mit CO, Grundlaststrom
BCOM: Brennstoffzelle mit CO, Mittellaststrom
NGTM: Erdgasturbine mit O_2, Mittelaststrom
NGTS: Erdgasturbine mit O_2, Spitzenlaststrom
PGEL: Purgegasverstromung mit O_2, Grundlaststrom
ADSG: Transport des NFE-Synthesegases
ADAFW: Methanisierung mit Fernwärmeabgabe und Stromerzeugung (NFE)
ADAM: Methanisierung mit Prozeßwärmeabgabe (NFE)
VGADR: NFE-Methan als Haushaltsgas mit Verteilung
VGADP: NFE-Methan als Industriegas (lokal)

VGADE: NFE-Methan als Kraftwerksgas mit Verteilung

XGAFD: Zusammenführung des Haushalts-, Industrie- und Kraftwerksgases aus dem NFE-System

RAAP: NFE-Methan Rückleitung

Stoffe

OIL: Rohöl

GAS: Erdgas/Methan zur Spaltung

KBR: Kernbrennstoff

HCN: Steinkohle

BCO: Braunkohle

KOK: Restkoks

MOK: Vergasungskoks

GAP: Erdgas/SNG (Gasverteilung)

ELG: Grundlaststrom (Bezug)

ELGP: Grundlaststrom (Erzeugung)

ELM: Mittellaststrom (Bezug)

ELMP: Mittelaststrom (Erzeugung)

ELSP: Spitzenlaststrom (Erzeugung)

SG1: Synthesegas aus MIP

SG2: Synthesegas aus RSO

SG3: Synthesegas aus HKV

SG4: Synthesegas aus MIPKOK

SG5: Synthesegas aus WKV

SG6: Synthesegas aus HKVB

SG7: Synthesegas aus WKVB

SG8: Synthesegas aus ICI

SG9: Synthesegas aus OLV

SG10: Synthesegas aus Kokerei

N2M: Stickstoff im Synthesegas

H2M: Wasserstoff im Synthesegas

COM: Kohlenmonoxid im Synthesegas

C2M: Kohlendioxid im Synthesegas

C4M: Methan im Synthesegas

N2S: reiner Stickstoff

H2S: reiner Wasserstoff

COS: reines Kohlenmonoxid

C2S: reines Kohlendioxid

C4S: reines Methan

O2S: reiner Sauerstoff

H2R:	Wasserstoff aus der Raffinerie
H2:	H_2 für Synthese und Turbine
CO:	CO für Synthese und Turbine
CO2:	CO_2 für Synthese und aus Turbine
O2:	O_2 für Verbrennung
MET:	Methanol aus Synthese
MEH:	Methanol als Brennstoff
MEF:	Methanol als Kraftstoff
H2I:	Wasserstoff (Gas) als Endenergieträger Industrie
H2G:	Wasserstoff (Gas) als Endenergieträger Haushalt und Verkehr
H2L:	Wasserstoff (flüssig) als Endenergieträger
GEM:	Erdgas für Mittellaststromerzeugung
GES:	Erdgas für Spitzenlaststromerzeugung
GRW:	Erdgas für Heizung
GPW:	Erdgas für Prozeßwärmeerzeugung
GGL:	Grundlastgas
SGA:	Synthesegas für Methanisierung (NFE)
GAF:	Methan aus NFE/Fernwärme
GAP:	Methan aus NFE/Prozeßwärme
RW:	Raumwärme
PW:	Prozeßwärme

Allokation

XH2:	H_2-Gasmenge
XCO:	CO-Gasmenge
XCO2:	CO_2-Gasmenge
XO2:	O_2-Gasmenge

4.3.7.2 Gaserzeugung und Koksverwertung

Zur Gaserzeugung sind folgende Technologien abgebildet (Abbildung 21):

- Ein Rohölvergaser mit partieller Oxidation, der Synthesegas liefert. Inklusive sind H_2S-Wäsche, Claus-Anlage und Dampfsystem.

- Auf der Basis Erdgas/Methan sind zwei Technologien abgebildet, zum einen eine autotherme Erdgasspaltung mit Verdichter, Steamreformer und Dampfsystem, zum anderen ein Röhrenspaltofen mit

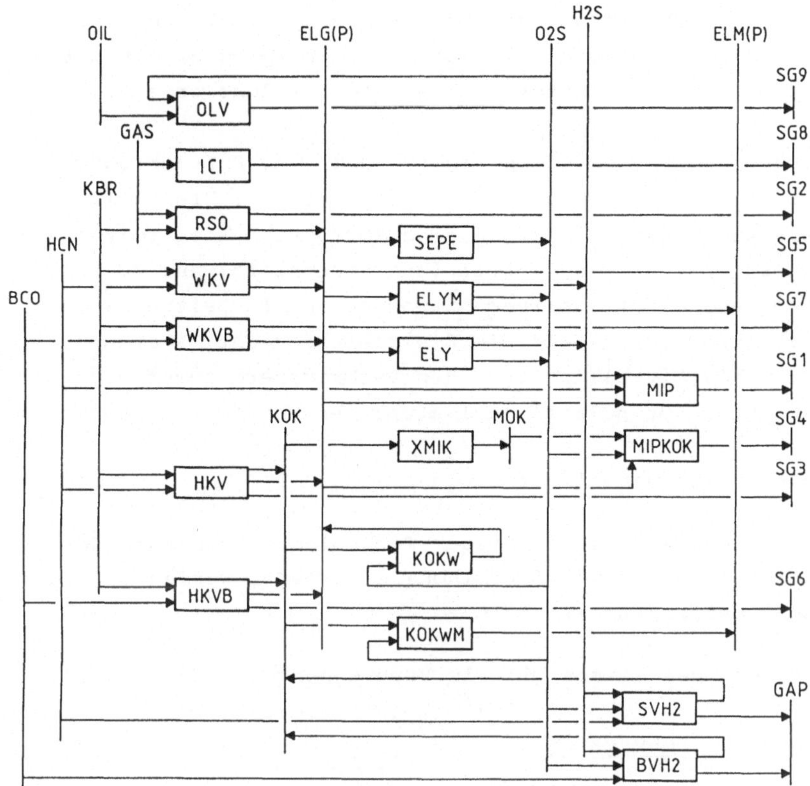

Abb. 21: Technologien zur Synthesegaserzeugung

einem integrierten Hochtemperaturreaktor (HTR), der die Prozeßwärme liefert.

- Die Wasserdampfkohlevergasung (WKV) mit Steinkohle oder Braunkohle und mit einem HTR als Wärmequelle.

- Allotherme hydrierende Kohlevergasung (HKV) für Steinkohle oder Braunkohle mit HTR. Gleichzeitig wird Koks erzeugt.

- Eine autotherme Vergasung von Steinkohle oder Koks zu Synthesegas. Dabei wird zur Umsetzung der Kohle/des Kokses Sauerstoff zugeführt. Das Gas wird gereinigt und komprimiert.

- Eine autotherme hydrierende Vergasung von Steinkohle unter Zufuhr von externem Wasserstoff. Dabei wird SNG (Substitute Natural Gas) erzeugt.

Bei den allothermen Kohlevergasungsverfahren und beim Röhrenspaltofen, bei denen ein Hochtemperaturreaktor als Energiequelle benutzt wird, wird zusätzlich Grundlaststrom als Kuppelprodukt erzeugt.

- Zu den Gaserzeugungstechnologien gehört auch eine Luftzerlegung, die Sauerstoff liefert, sowie eine fortschrittliche Elektrolyse zur Wasserspaltung. Dabei ist auch eine "off-peak"-Elektrolyse abgebildet. Diese erzeugt Wasserstoff (und Sauerstoff) nur zu den Schwachlastzeiten des öffentlichen Stromnetzes. In Zeiten, wo die Stromnachfrage groß ist, läuft die Elektrolyse nicht, stattdessen wird der Strom als Mittellaststrom den Verbrauchern zugeführt. Somit wird eine hohe (Grundlast) Auslastung der Kraftwerke erreicht.

Die Koksverwertung wird simuliert mit

- einer Vergasung des Kokses. In dieser Technologie kann auch der aus der Raffinerie stammende Petrolkoks eingesetzt werden (s. auch Abschnitt Raffineriesektor).

- einer Verstromung des Kokses mittels Verbrennung mit Sauerstoff.

4.3.7.3 Gasmischung, Konversion

Es ist bei den neuen Technologien vorgesehen, daß Gas aus verschiedenen Technologien gemischt werden kann, um eine optimale Gasmischung für eine anschließende Gasverwendung, z.B. Synthese, zu erreichen. Das Gas aus den neuen Technologien (im wesentlichen Synthesegas) kann entweder als Gasgemisch vorliegen oder mittels einer Trennanlage in die einzelnen Komponenten zerlegt werden. In Abbildung 22 werden die Abkürzungen für die getrennten Gaskomponenten mit dem Buchstaben S und die nicht getrennten Gaskomponenten mit M am Ende gekennzeichnet. Für den späteren Einsatz des Gases (z.B. Methanisierung oder Methanolsynthese) ist es notwendig, die Mengen der einzelnen Gaskomponenten im Gemisch zu kennen. Dabei handelt es sich um die Komponenten Stickstoff, Wasserstoff, Kohlenmonoxid, Kohlendioxid und Methan.

Für jedes Gaserzeugungsverfahren - zehn Verfahren inklusive Kokereigasabgabe sind abgebildet - wird die Gaszusammensetzung als Gemisch oder als getrennte Komponenten im Modell erfaßt. In der Abbildung 22 sind diese zehn Gase mit dem Index I (LIM und TRENNI) versehen mit I = 1 bis 10.

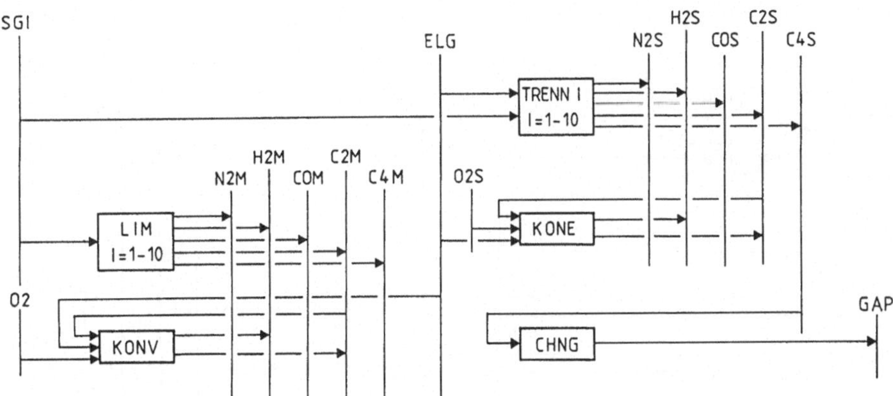

Abb. 22: Komponenten und Trennung des Synthesegases

Zusätzlich sind zwei Konversionsverfahren abgebildet, die Kohlenmonoxid in Wasserstoff mittels folgender Wasserdampfreaktion umwandeln:

$$CO + H_2O \rightarrow H_2 + CO_2$$

Dabei entsteht auch Kohlendioxid.

Die nach einer Gastrennung abgetrennte Methankompomente kann in die allgemeine Erdgasverteilung (s. Abschnitt Gassektor) eingespeist werden.

4.3.7.4 Synthese und Verstromung

Abbildung 23 enthält den Gastransport der in den Trennanlagen getrennten Gaskomponenten. Die Komponente Wasserstoff kann bis zu einem Anteil von 20 Volumenprozent dem Erdgasnetz zugeführt werden (s. Abschn. 4.3.5) oder direkt als Endenergieträger zu den Verbrauchern transportiert werden. Dabei ist auch eine Verflüssigung des Wasserstoffs möglich. Letztendlich kann Wasserstoff als Rohstoff für z.B. Hydrocracking in der Raffinerie (s. Abschn. 4.3.4) benutzt werden.

Es besteht die Möglichkeit, Teilmengen der getrennten Gaskomponenten dem Gasgemisch wieder zuzumischen, um für den späteren Verbrauch die erforderliche Synthesegaszusammensetzung erreichen zu können. Die

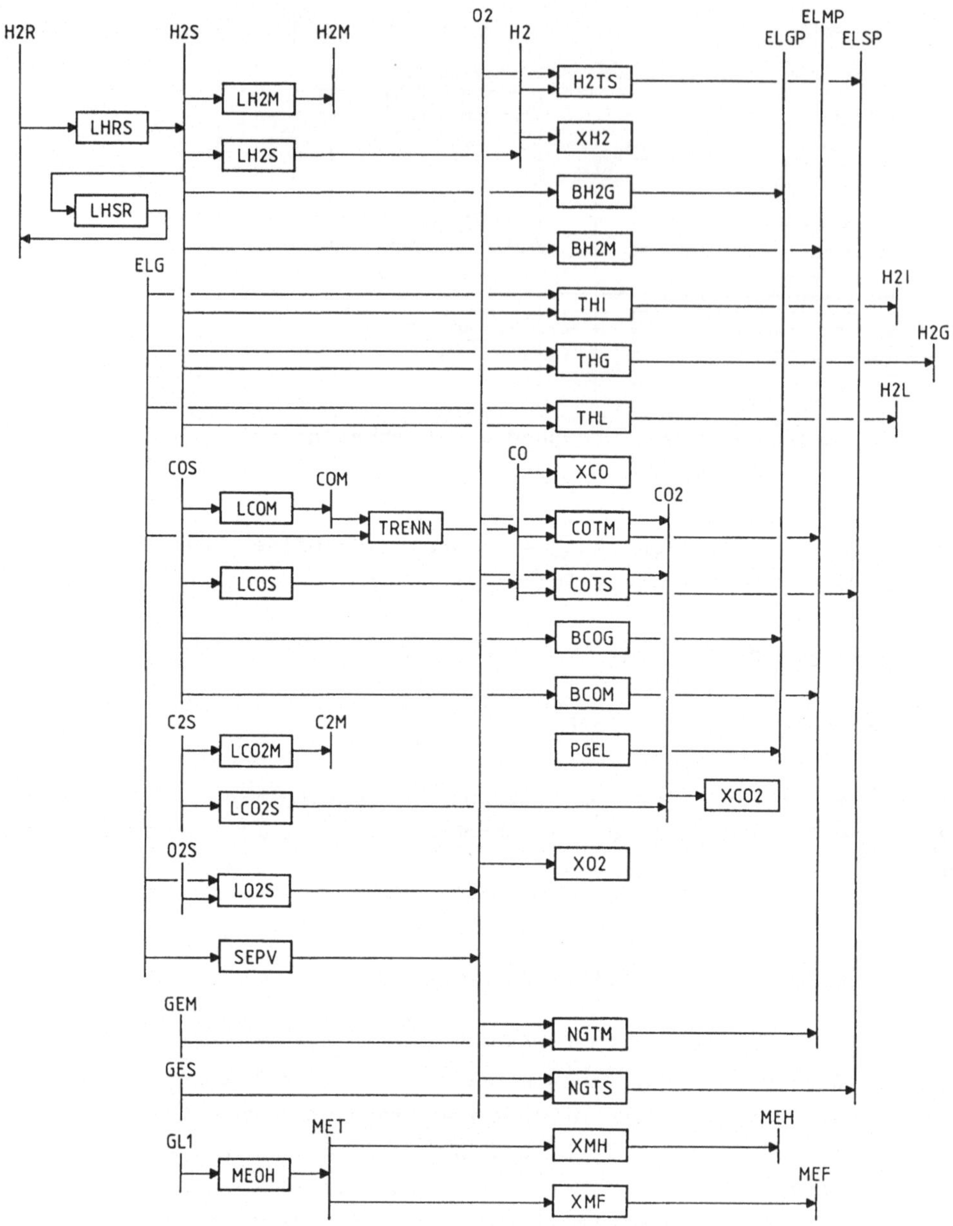

Abb. 23: Gastransport sowie Synthese und Stromerzeugung mit neuen Technologien

gesamte Menge H_2, CO, CO_2 und O_2 wird auf Sammelschienen als entsprechende Variablen allokiert.

Auf der Anwenderseite kann durch eine Trennanlage aus dem Gasgemisch Kohlenmonoxid abgetrennt werden. Ebenso kann auf der Anwenderseite mit einer Luftzerlegung noch eventuell erforderlicher Sauerstoff erzeugt werden.

Die Synthesegaskomponenten Kohlenmonoxid und Wasserstoff können in effizienten Gasturbinen mit Sauerstoff verstromt werden (Mittel- und Spitzenlast). Dabei wird zukünftig eine Verbrennung des Gases zwischen den Stufen der Turbine angestrebt. Dies würde eine isotherme Expansion und damit einen sehr hohen Wirkungsgrad (bis 60 %) ermöglichen.

Darüber hinaus werden auch Erdgasturbinen abgebildet, die ihren Gasbedarf aus dem Erdgasverteilungsnetz beziehen und ebenfalls mit Sauerstoffzufuhr Mittellast- oder Spitzenlaststrom erzeugen. Zur Stromerzeugung dienen noch Brennstoffzellen auf der Basis von Kohlenmonoxid und Wasserstoff. Die Brennstoffzellen sind im Modell für Grund- und Mittellast vorgesehen.

Außer gasförmigen Energieträgern und Strom kann auch Methanol hergestellt werden als Ergänzung oder Substitut der heutigen aus Mineralöl gewonnenen flüssigen Energieträger. Für die Methanolsynthese werden chemische Mengengleichungen in kmol definiert.

Diese Gleichungen enthalten folgende Variablen:

MEOH = Menge des erzeugten Methanols
XCO2MS = CO_2-Menge zur Methanolsynthese
XCOMS: = CO-Menge zur Methanolsynthese
XH2MS = H_2-Menge zur Methanolsynthese
XCO2 = CO_2-Gasmenge
XCO = CO-Gasmenge
XH2 = H_2-Gasmenge
XC2M = CO_2-Menge im Synthesegas
XCOM = CO-Menge im Synthesegas
XH2M = H_2-Menge im Synthesegas
XC4M = CH_4-Menge im Synthesegas
XN2M = N_2-Menge im Synthesegas

XCO2PG = CO_2-Menge im Purgegas
XCOPG = CO-Menge im Purgegas
XH2PG = H_2-Menge im Purgegas

Mit diesen Variablen werden die erforderlichen Gaskomponenten allokiert. Abbildung 24 zeigt die Inputströme.

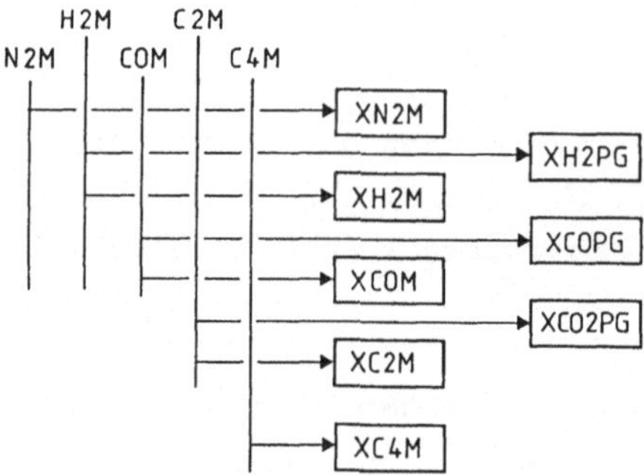

Abb. 24: Komponenten des Synthesegases und Purgegases

Methanolsynthese

Zugrundegelegt werden die Reaktionsgleichungen:

1) $CO + 2H_2 \longrightarrow CH_3OH$
2) $CO_2 + 3H_2 \longrightarrow CH_3OH + H_2O$

Hieraus ergeben sich die Mengengleichungen

BALGL1 = XCOMS + XCO2MS - MEOH ≥ 0
BALGL2 = 3 XCO2MS + 2 XCOMS - XH2MS = 0

Es wird eine obere (8.3 %) und eine untere (2 %) Grenze für die CO_2-Konzentration im Methanol-Synthesegas angenommen:

BALGL10 = 1.1 XCO2MS - 0.1 XH2MS - 0.1 XCOMS ≤ 0
BALGL11 = 1.02 XCO2MS - 0.02 XH2MS - 0.02 XCOMS ≥ 0

Die Allokation des Methanolsynthesegases aus reinen und gemischten Gaskomkomponenten ist beschrieben durch:

BALGL3 = XCOMS - XCO - XCOM = 0

BALGL4 = XH2MS - XH2 - XH2M = 0

BALGL5 = XCO2MS - XCO2 - XC2M = 0

Purgegas

Das Purgegas wird abgeführt, um N_2 und CH_4 (das sind die Mengen XN2M und XC4M) aus dem Synthesegas zu entfernen.
Es wird angenommen, daß die maximale Konzentration von N_2 und CH_4 im Purgegas 30 % beträgt, d.h.:

BALGL8 = 2.33•XN2M + 2.33•XC4M - XCOPG - XCO2PG - XH2PG ≤ 0

Gegenüber dem Methanolsynthesegas enthält das Purgegas normalerweise einen H_2-Überschuß, d.h.:

BALGL12 = XH2PG - 3•XCOPG - 2•XCOPG ≥ 0

Das Purgegas wird abgefackelt oder mit Sauerstoff (O_2) verstromt.
Der stöchiometrische O_2-Bedarf (XO2) ergibt sich aus:

BALGL7 = 0.5•XH2PG + 0.5•XCOPG + 2•XC4M + 1.5•XN2M - XO2 = 0
(mit $N_2 + 1.5\ O_2 \longrightarrow NO_x$)

Die letzte Restriktionsgleichung ergibt sich aus der Energiebilanz für die Purgegas-Abfackelung (XRG) und/oder -Verstromung (PGEL).

Mit

66.3 kWh/kmol H_2,
78.7 kWh/kmol CO,
224.0 kWh/kmol CH_4 und
38 % Stromerzeugungswirkungsgrad

folgt

BALGL6 = XRG + 2.63•PGEL - 66.3•XH2PG - 78.7•XCOPG - 224•XC4M = 0

Das erzeugte Methanol kann als Brennstoff für Prozeß- und Raumwärme und als Kraftstoff für den Straßenverkehr eingesetzt werden.

4.3.7.5 Fernenergiesystem (NFE)

Ein Bestandteil der Verknüpfung der neuen Technologien ist das Fernenergiesystem. Das grundlegende Prinzip des Fernenergiesystems ist der kalte Transport von Wärme mittels chemisch gebundener Energie zu entfernten Verbrauchszentren. Dabei wird eine endotherme Synthesegaserzeugung (H_2 und CO) gekoppelt mit der exothermen chemischen Reaktion der Methanisierung:

$$3H_2 + CO \rightarrow CH_4 + H_2O + Q$$

Die hier freigesetzte Reaktionswärme (Q) kann zur Heiz- und Prozeßwärmeversorgung sowie zur ortsnahen Stromerzeugung verwendet werden.

Beim sogenannten "geschlossenen System" wird das bei der Methanisierung entstehende CH_4 zur Schließung des Kreislaufs zur Wasserdampfspaltung von Methan zurückgeführt:

$$CH_4 + H_2O + Q \rightarrow 3H_2 + CO$$

Hierfür stehen in MARNES der Röhrenspaltofen mit HTR oder eventuell die autotherme Erdgasspaltung zur Verfügung.

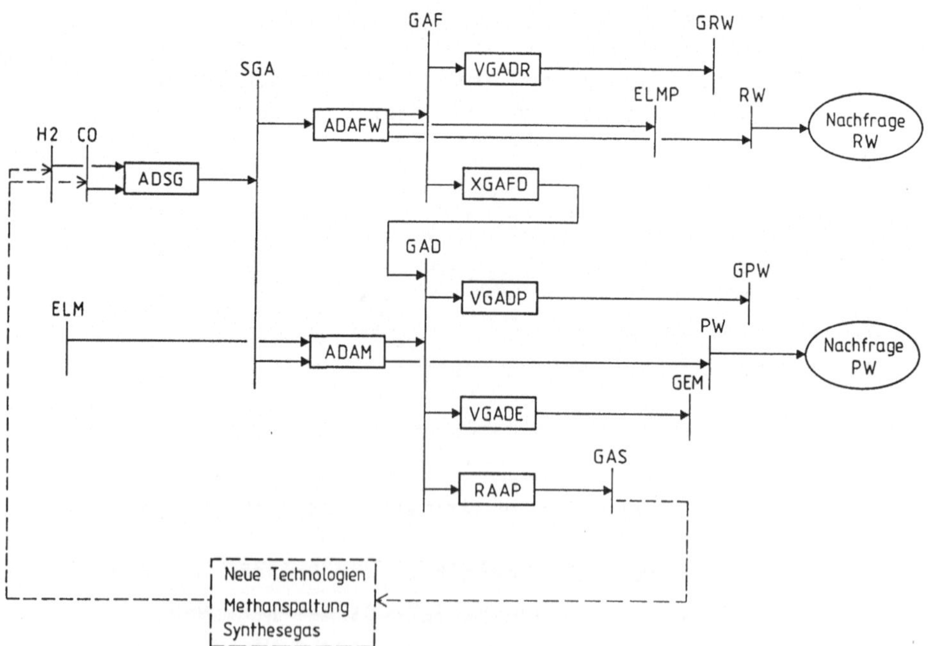

Abb. 25: Fernenergiesystem in MARNES

Beim "offenen System" kann das Methan in das bestehende Erdgasversorgungsnetz eingespeist werden und wird diesem zur Wärme- und Stromerzeugung entnommen. Der Verbrauch des Synthesegases und Methans wird durch eine Vergasungstechnologie ausgeglichen.

Abbildung 25 zeigt beide Varianten des Fernenergiesystems. Der gestrichelte Teil des Bildes symbolisiert die Synthesegaserzeugung bzw. die Rückführung des Methans.

4.3.7.6 Technologiedaten

In Tabelle 13 sind die Input-/Output-Koeffizienten der Technologien aufgeführt.

Für die Gas- und Stromerzeugungstechnologien können hieraus der spezifische Brennstoffverbrauch und die Menge der Nebenprodukte entnommen werden. Die gasförmigen Stoffe werden in molaren Einheiten quantifiziert. Die nuklearen Brennstoffe werden als thermische Energie angegeben. Die Outputkoeffizienten der Technologien L1M bis L10M bzw. TRENN1 bis TRENN10 geben die molare (volumenspezifische) Zusammensetzung des Synthesegases wieder.

Der spezifische Stromverbrauch für einige Trennanlagen, die zu den nuklearen Kohlevergasungsverfahren gehören, ist nicht in Tabelle 13 aufgeführt, weil dieser Stromverbrauch schon in der internen Energiebilanz der zugehörigen Vergasungstechnologie berücksichtigt ist.

Einige Gase fallen drucklos an und müssen auf Druck gebracht werden. Der entsprechende Bedarf an elektrischer Energie ist in Tabelle 13 aufgeführt.

Die Methanolsynthese wird mit der Gleichung GL1 stöchiometrisch gesteuert. Die Energieverluste bei der Synthese werden bei der Umrechnung der stöchiometrischen Methanolmenge in einer äquivalenten Energiemenge berücksichtigt (XMH und XMF). Die Verstromung des Purgegases regelt Gleichung GL6.

Die Emissionen sind nicht in Tabelle 13 aufgeführt, da diese in einem gesonderten Kapitel behandelt werden.

Tabelle 13: Input-/Output-Koeffizienten der neuen Technologien

Technologie	Input			Output		
OLV	OIL	8.2	kg	SG9	1.0	kmol
	O2S	0.263	kmol			
ICI	GAS	0.326	kmol	SG8	1.0	kmol
RSO	GAS	0.227	kmol	SG2	1.0	kmol
	KBR	34.1	kWh	ELGP	1.77	kWh
WKV	HCN	7.3	kg	SG5	1.0	kmol
	KBR	34.5	kWh	ELGP	1.70	kWh
WKVB	BCO	30.0	kg	SG7	1.0	kmol
	KBR	29.5	kWh	ELGP	1.50	kWh
HKV	HCN	10.1	kg	SG3	1.0	kmol
	KBR	72.3	kWh	KOK	4.1	kg
				ELGP	4.63	kWh
HKVB	BCO	31.9	kg	SG6	1.0	kmol
	KBR	64.0	kWh	KOK	3.31	kg
				ELGP	1.93	kWh
SEPE	ELG	13.0	kWh	O2S	1.0	kmol
ELY	ELG	93.0	kWh	H2S	1.0	kmol
				O2S	0.5	kmol
ELYM	ELG	198.0	kWh	H2S	1.0	kmol
				O2S	0.5	kmol
				ELMP	100.0	kWh
MIP	HCN	12.86	kg	SG1	1.0	kmol
	O2S	0.21	kmol			
	ELG	3.0	kWh			
NIPKOK	MOK	13.7	kg	SG4	1.0	kmol
	O2S	0.28	kmol			
	ELG	3.0	kWh			
XMIK	KOK	1.0	kg	MOK	1.0	kg
KOKW	KOK	0.328	kg	ELGP	1.0	kWh
	O2S	0.026	kmol			
KOKWM	KOK	0.328	kg	ELMP	1.0	kWh
	O2S	0.026	kmol			
SVH2	HCN	0.144	kg	GAP	1.0	kWh
	H2S	0.0066	kmol	KOK	0.053	kg
	O2S	0.001	kmol			

Technologie	Input			Output		
BVH2	BCO	0.36	kg	GAP	1.0	kWh
	H2S	0.0079	kmol	KOK	0.039	kg
	O2S	0.001	kmol			
L1M	SG1	1.0	kmol	N2M	0.005	kmol
				H2M	0.392	kmol
				COM	0.603	kmol
L2M	SG2	1.0	kmol	N2M	0.001	kmol
				H2M	0.740	kmol
				COM	0.118	kmol
				C2M	0.107	kmol
				C4M	0.034	kmol
L3M	SG3	1.0	kmol	N2M	0.005	kmol
				H2M	0.651	kmol
				COM	0.217	kmol
				C2M	0.127	kmol
L4M	SG4	1.0	kmol	N2M	0.001	kmol
				H2M	0.254	kmol
				COM	0.745	kmol
L5M	SG5	1.0	kmol	H2M	0.560	kmol
				COM	0.242	kmol
				C2M	0.135	kmol
				C4M	0.063	kmol
L6M	SG6	1.0	kmol	N2M	0.004	kmol
				H2M	0.624	kmol
				COM	0.207	kmol
				C2M	0.165	kmol
L7M	SG7	1.0	kmol	H2M	0.516	kmol
				COM	0.313	kmol
				C2M	0.130	kmol
				C4M	0.041	kmol
L8M	SG8	1.0	kmol	N2M	0.001	kmol
				H2M	0.680	kmol
				COM	0.270	kmol
				C4M	0.049	kmol
L9M	SG9	1.0	kmol	N2M	0.001	kmol
				H2M	0.437	kmol
				COM	0.484	kmol
				C2M	0.070	kmol
				C4M	0.008	kmol

Technologie	Input			Output	
L1OM	SG10	1.0	kmol	N2M	0.095 kmol
				H2M	0.570 kmol
				COM	0.055 kmol
				C2M	0.023 kmol
				C4M	0.257 kmol
TRENN1	SG1	1.0	kmol	N2S	0.005 kmol
	ELG	1.8	kWh	H2S	0.392 kmol
				COS	0.603 kmol
TRENN2	SG2	1.0	kmol	N2S	0.001 kmol
	ELG	1.8	kWh	H2S	0.740 kmol
				COS	0.118 kmol
				C2S	0.107 kmol
				C4S	0.034 kmol
TRENN3	SG3	1.0	kmol	N2S	0.005 kmol
				H2S	0.651 kmol
				COS	0.217 kmol
				C2S	0.127 kmol
TRENN4	SG4	1.0	kmol	N2S	0.001 kmol
	ELG	1.8	kWh	H2S	0.254 kmol
				COS	0.745 kmol
TRENN5	SG5	1.0	kmol	H2S	0.560 kmol
				COS	0.242 kmol
				C2S	0.135 kmol
				C4S	0.063 kmol
TRENN6	SG6	1.0	kmol	N2S	0.004 kmol
				H2S	0.624 kmol
				COS	0.207 kmol
				C2S	0.165 kmol
TRENN7	SG7	1.0	kmol	H2S	0.001 kmol
				COS	0.680 kmol
				C2S	0.270 kmol
				C4S	0.049 kmol
TRENN8	SG8	1.0	kmol	N2S	0.001 kmol
	ELG	1.8	kWh	H2S	0.680 kmol
				COS	0.270 kmol
				C4S	0.049 kmol

Technologie	Input			Output		
TRENN9	SG9	1.0	kmol	N2S	0.001	kmol
	ELG	1.8	kWh	H2S	0.437	kmol
				COS	0.484	kmol
				C2S	0.070	kmol
				C4S	0.008	kmol
TRENN10	SG10	1.0	kmol	N2S	0.095	kmol
	ELG	1.8	kWh	H2S	0.570	kmol
				COS	0.055	kmol
				C2S	0.023	kmol
				C4S	0.257	kmol
KONV	COM	1.0	kmol	H2M	0.85	kmol
	O2	0.075	kmol	C2M	1.0	kmol
	ELG	3.0	kWh			
KONE	COS	1.0	kmol	H2S	0.85	kmol
	O2S	0.075	kmol	C2S	1.0	kmol
	ELG	3.0	kWh			
CHNG	C4S	1.0	kmol	GAP	224.0	kWh
LH2M	H2S	1.0	kmol	H2M	1.0	kmol
LCOM	COS	1.0	kmol	COM	1.0	kmol
LCO2M	C2S	1.0	kmol	C2M	1.0	kmol
LH2S	H2S	1.0	kmol	H2	1.0	kmol
LCOS	COS	1.0	kmol	CO	1.0	kmol
LCO2S	C2S	1.0	kmol	CO2	1.0	kmol
LO2S	O2S	1.0	kmol	O2	1.0	kmol
	ELG	3.0	kWh			
LHRS	H2R	1.0	kmol	H2S	1.0	kmol
LHSR	H2S	1.0	kmol	H2R	1.0	kmol
SEPV	ELG	13.0	kWh	O2	1.0	kmol
TRENN	COM	1.0	kmol	CO	1.0	kmol
	ELG	4.02	kWh			
THI	H2S	0.015	kmol	H2I	1.0	kWh
	ELG	0.04	kWh			
THG	H2S	0.015	kmol	H2G	1.0	kWh
	ELG	0.04	kWh			
THL	H2S	0.015	kmol	H2L	1.0	kWh
	ELG	0.37	kWh			
MEOH	GL1	1.0	kmol	MET	1.0	kmol
XMH	MET	0.005	kmol	MEH	0.9	kWh
XMF	MET	0.005	kmol	MEF	0.9	kWh

Technologie	Input			Output		
H2TS	H2	0.033	kmol	ELSP	1.0	kWh
	O2	0.0165	kmol			
COTM	CO	0.028	kmol	ELMP	1.0	kWh
	O2	0.014	kmol	CO2	0.028	kmol
COTS	CO	0.028	kmol	ELSP	1.0	kWh
	O2	0.014	kmol	CO2	0.028	kmol
BH2G	H2S	0.024	kmol	ELGP	1.0	kWh
BH2M	H2S	0.024	kmol	ELMP	1.0	kWh
BCOG	COS	0.021	kmol	ELGP	1.0	kWh
BCOM	COS	0.021	kmol	ELMP	1.0	kWh
NGTM	GEM	2.76	kWh	ELMP	1.0	kWh
	O2	0.0204	kmol			
NGTS	GES	2.76	kWh	ELSP	1.0	kWh
	O2	0.0204	kmol			
PGEL				ELGP	1.0	kWh
				GL6	2.63	kWh
ADSG	H2	0.75	kmol	SGA	1.0	kmol
	CO	0.25	kmol			
ADAFW	SGA	0.142	kmol	RW	1.0	kWh
				ELMP	0.31	kWh
				GAF	8.0	kWh
ADAM	SGA	1.0	kmol	PW	10.4	kWh
	ELM	0.84	kWh	GAD	56.0	kWh
VGADR	GAF	1.0	kWh	GRW	1.0	kWh
VGADP	GAD	1.0	kWh	GPW	1.0	kWh
VGADE	GAD	1.0	kWh	GEM	1.00	kWh
XGAFD	GAF	1.0	kWh	GAD	1.0	kWh
RAAP	GAD	1.0	kWh	GAS	0.0045	kmol

In den Tabellen 14 und 15 sind Bauzeit, Auslastung (bezogen auf 8760 h) und Kosten aufgeführt. Diese Tabellen enthalten nur Technologien, die mit Kosten belegt sind. In den spezifischen Kosten sind zukünftige Verbesserungen der Technologien sowie eine Degression aufgrund großer Einheiten und hoher Stückzahlen berücksichtigt.

Die Kosten der Gaserzeugungsverfahren, Konvertierung und Trennanlagen werden in DM/m^3/h für die Investitionen und DM/m^3 für die variablen Kosten angegeben. Dabei wird auf das Volumen des Synthesegases bezogen. Im Modell wird auf 1 kmol und auf 1 Jahr normiert mit folgender Umrechnung:

Investitionskosten DM/kmol/a = $(DM/m^3/h)\ (22.4\ m^3/kmol)/8760h/a$
Variable Kosten DM/kmol = $(DM/m^3)\ (22.4\ m^3/kmol)$

Bei den zwei Konvertierungstechnologien (KONV und KONE) enthalten die Kosten der Konvertierung des reinen CO-Gases (KONE) zusätzlich die Kosten der Trennung der Produkte H_2 und CO_2. Die Kosten der off-peak Elektrolyse beinhalten Ausgaben für eine Zwischenspeicherung des Wasserstoffs.

Tabelle 14: Bauzeit, Auslastung und Kosten der neuen Technologien (volumenbezogene Kosten)

Technologie	Bauzeit (Jahre)	Auslastung	Investitionen $(DM/m^3/h)$	variable Kosten (DM/m^3)	Bezug
OLV	2	0.74	1290	0.015	SG9
ICI	2	0.74	645	0.008	SG8
RSO	5	0.74	2130	0.01	SG2
WKV	5	0.74	5000	0.058	SG5
WKVB	5	0.74	5000	0.058	SG7
HKV	5	0.74	5510	0.036	SG3
HKVB	5	0.74	5510	0.036	SG6
SEP/V/E/	2	0.74	1170	0.013	O2/ /S/
ELY	3	0.74	2740	0.027	H2S
ELYM	3	0.37	3320	0.040	H2S
MIP	4	0.74	1920	0.020	SG1
MIPKOK	4	0.74	1920	0.020	SG4
TRENN/1/2/4/ 8/9/10/	2	0.74	260	0.003	SG/1/2/4/8/ 9/10/
TRENN	2	0.74	665	0.009	CO
KONE	3	0.74	700	0.007	COS
KONV	3	0.74	430	0.005	COM
MEOH	4	0.74	1880	0.022	MET
ADSG	2	0.75	900	0.005	SGA
ADAM	2	0.50	175	0.004	SGA

Tabelle 15: Bauzeit, Auslastung und Kosten der neuen Technologien (energiebezogene Kosten)

Technologie	Bauzeit (Jahre)	Aus-lastung	Investi-tionen (DM/kW)	variable Kosten (DM/kWh)	Bezug
/S/B/VH2	4	0.74	615	0.007	GAP
THI	1	0.50	210	0.001	H2I
THG	1	0.25	620	0.004	H2G
THL	1	0.25	620	0.021	H2L
ADAFW	2	0.40	3370	0.010	RW
VGADR	1	0.25	445	0.0025	GAF
RAAP	1	0.75	130	0.0006	GAD
VGADE	1	0.50	22	0.001	GAD
XGAFD	1	0.40	40	0	GAF
KOKW	4	0.71	1250	0.0093	ELGP
KOKWM	4	0.40	1250	0.0126	ELMP
H2TS	2	0.23	1100	0.014	ELSP
COTM	2	0.40	1100	0.009	ELMP
COTS	2	0.23	1100	0.014	ELSP
BH2G	2	0.71	2050	0.035	ELGP
BH2M	2	0.40	2050	0.035	ELMP
BCOG	2	0.71	2050	0.035	ELGP
BCOM	2	0.40	2050	0.035	ELMP
NGTM	2	0.40	400	0.015	ELMP
NGTS	2	0.23	400	0.019	ELSP
PGEL	2	0.74	400	0.013	ELGP

Die Investitionen der Strom- und SNG-Erzeuger sowie der Verteilungsnetze werden in DM/kW angegeben. Die Umrechnung für das Modell ist hier:

DM/kWh/a = (DM/kW)/(8760 h/a)

Die Investitionskosten des Wasserstoff- und Methannetzes basieren auf den im Abschnitt Gassektor genannten Annahmen.

Die Lebensdauer der Technologien beträgt 20 Jahre mit Ausnahme der Gasnetze (THI, THG, THL, VGADR, VGADE, RAAP), die auf 30 Jahre gesetzt sind.

4.3.8 Endverbrauchssektor

Die Endverbrauchertechnologien wandeln die Endenergieträger in Nutzenergie entsprechenden Nachfragevektoren um. Dabei wird unterteilt nach

- Industrie: Umwandlung von Endenergieträgern in Prozeßenergie, z.B. Kohlekessel
- Haushalt: Umwandlung von Endenergieträgern in Raumwärme, z.B. Ölheizung
- Verkehr: Umwandlung von Endenergieträgern in km Fahrstrecke für Personenverkehr bzw. in tkm Transportleistung für Güterverkehr, z.B. Benzin-Pkw bzw. Diesel-Lkw, im Flugverkehr wird Flugzeugtreibstoff direkt nachgefragt.
- Licht und Kraft: Der Endenergieträger Strom wird zu Licht und Kraft verwendet, wobei diese als elektrische Energie nachgefragt wird.

Der Prozeßenergiebedarf der Industrie kann durch acht Endverbrauchertechnologien mit den Endenergieträgern Steinkohle, Braunkohle, schwe-

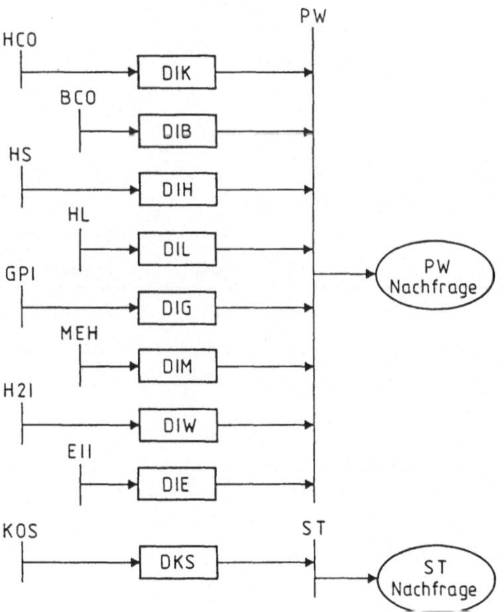

Abb. 26: Prozeßwärme- und Stahlerzeugung

res Heizöl, leichtes Heizöl, Erdgas, Methanol, Wasserstoff und Strom bereitgestellt werden.
Die Stahlerzeugung, die Kokereikoks benötigt, ist getrennt abgebildet. Abbildung 26 zeigt das Fließschema der Prozeßenergie und Stahlerzeugung. In Tabelle 16 ist der spezifische Endenergieverbrauch angegeben.

Für die Deckung des Raumwärmebedarfs im Haushaltssektor sind elf Endverbrauchertechnologien vorgesehen. Die in den Endverbrauchertechnologien eingesetzten Endenergieträger sind: Haushaltskohle, Braunkoh-

Tabelle 16: Spezifischer Einsatz von Endenergie zur Prozeß- und Raumwärmeerzeugung

Spezifischer Verbrauch der Endenergieträger pro kWh Prozeßwärme:

DIK	DIB	DIH	DIL	DIG	DIM	DIW	DIE
0.1872	0.6556	1.4882	1.443	1.404	1.44	1.4	1.352
kg HCO	kg BCO	kWh HS	kWh HL	kWh GPI	kWh MEH	kWh H2I	kWh EII

	Input	Output
Stahlerzeugung DKS:	0.422 kg KOS	1 kg ST

Spezifischer Brennstoffverbrauch pro kWh Raumwärme:

DHK	DHB	DHL	DHG	DBK	DHM	DHH
1.8	1.8	1.31	1.22	1.0	1.27	1.22
kWh HCW	kWh BCW	kWh HL	kWh GRW	kWh GRW	kWh MEH	kWh H2G

DHE	DHN
1.03	1.05
kWh EEW	kWh ENH

	Input	Output
Fernwärme DFW:	0.25 kg HCW	1 kWh RW
		0.43 kWh ELMP

lebriketts, leichtes Heizöl, Erdgas, Methanol, Wasserstoff und Strom.
Die Raumwärme aus Fernwärme wird in einer Technologie als Heizkraftwerk mit Fernwärmeverteilung abgebildet. Diese Technologie benötigt den Einsatz von Steinkohle und liefert neben Raumwärme auch Mittellaststrom.
Bei der Gasheizung sind neben dem normalen Gasbrenner auch ein effizienter Brennwertkessel abgebildet. Mit Strom kann entweder direkt oder über Nachtspeicheranlagen geheizt werden.

Zusätzlich zu den Energieumwandlungstechnologien im Haushalt wird eine extensive Wärmedämmung simuliert, die im Modell symbolisch Raumwärme erzeugt. Diese Wärmedämmung geht über die erwartete Wärmeeinsparung hinaus, die in der Nachfrage schon berücksichtigt ist.

Abbildung 27 bildet die Bereitstellung von Raumwärme ab. Tabelle 16 zeigt den spezifischen Brennstoffverbrauch.

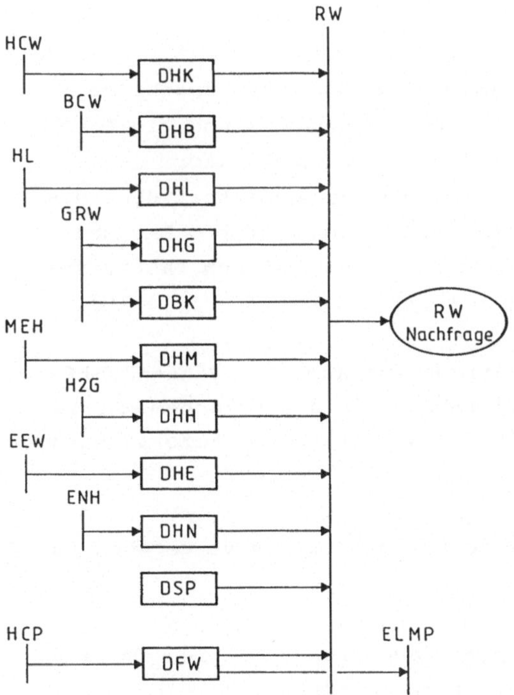

Abb. 27: Bereitstellung von Raumwärme

Der Straßenverkehr ist nach Personenkraftwagen (Pkw) und Lastkraftwagen (Lkw) aufgeteilt.
Für den Personenwagenverkehr gibt es fünf Fahrzeugtypen: Konventioneller Benzin-Pkw, schadstoffarmer Benzin-Pkw nach EG-Beschluß vom 27.6.86, Benzin-Pkw mit geregeltem Katalysator nach US-Norm, normaler Dieselkraftwagen, partikelarmer Diesel-Pkw, Methanolauto mit Katalysator und Personenkraftwagen mit Wasserstoffantrieb.
Alle Pkw's mit Ausnahme der Dieselautos sind als Durchschnittswagen entsprechend der Struktur der Pkw-Flotte mit einer Fahrleistung von 12 000 km/a abgebildet.
Bei den Dieselautos werden zwei unterschiedliche Fahrleistungen angenommen. Eine normale Fahrleistung von 12000 km/a und eine höhere Laufleistung von 25000 km/a.
Bei den wasserstoffbetriebenen Pkw's wird unterschieden zwischen Autos mit Metallhydridspeicher und Autos mit flüssigem Wasserstoff.

Der Kraftstoffverbrauch und die Fahrleistung wurden bei allen Pkw-Klassen dynamisiert. Der spezifische Kraftstoffverbrauch nimmt um ca. 25 % im betrachteten Zeitraum ab. Die Fahrleistung geht um etwa 15 % bis zum Jahre 2000 zurück wegen der Annahme eines höheren Zweitwagenanteils (s. Tabelle 17).

Der Lastkraftwagenverkehr ist mittels dreier Lkw-Typen abgebildet: ein normaler Diesel-Lkw, ein partikelarmer Diesel-Lkw und ein Lastkraftwagen mit Methanol als Kraftstoff und mit Katalysator.
Die abgebildeten Lkw sind Durchschnittslastwagen gemittelt über die Nutzlastverteilung, d.h. im Mittel ca. 4,5 t Nutzlast pro Lkw und ein Nettotransport von 87000 tkm/a pro Lkw. Auch bei den Lastkraftwagen nimmt der Kraftstoffverbrauch mit der Zeit ab (Tabelle 18).

Ergänzend zum Güterverkehr auf der Straße ist auch die Binnenschiffahrt mit Dieselantrieb sowie die Eisenbahn mit elektrischem Antrieb abgebildet. Der Flugverkehr wird mit der Nachfrage von Kerosin berücksichtigt (Tabelle 19).

Licht und Kraft werden als elektrische Energie exogen vorgegeben (s. Tabelle 19).

Abbildungen 28 und 29 zeigen die Endverbrauchertechnologien im Verkehrssektor sowie die Nachfrage nach Licht und Kraft.

Tabelle 17: Spezifischer Kraftstoffverbrauch für Pkw's in kWh/km

Pkw \ Periode	1 1980-1985	2 1985-1990	3 1990-1995	4 1995-2000	5 2000-2010	6 2010-2020	7 2020-2030	8 2030-2040
PBW								
BEN	0.98	0.98	0.882	0.833	0.804	0.774	0.755	0.755
PKE								
BEN	0.315	0.315	0.284	0.268	0.258	0.249	0.243	0.243
BEF	0.735	0.735	0.662	0.625	0.603	0.581	0.566	0.566
PKW								
BEF	1.08	1.08	0.972	0.918	0.886	0.853	0.832	0.832
PDW/PDD								
DIS	0.80	0.80	0.74	0.71	0.69	0.67	0.66	0.66
PDE/PDU								
DIS	0.80	0.80	0.74	0.71	0.69	0.67	0.66	0.66
PMW								
MEF	0.90	0.90	0.83	0.80	0.77	0.76	0.74	0.74

		Input		Output	
Wasserstoffauto:	PHS	1.4	kWh H2G	1 km	KM
	PHF	1.135	kWh H2L	1 km	KM

Tabelle 18: Spezifischer Kraftstoffverbrauch für Lkw's in kWh/tkm

Lkw \ Periode	1 1980-1985	2 1985-1990	3 1990-1995	4 1995-2000	5 2000-2010	6 2010-2020	7 2020-2030	8 2030-2040
LDW/LDE								
DIS	0.70	0.70	0.648	0.621	0.604	0.586	0.578	0.578
LMW								
MEF	0.70	0.70	0.648	0.621	0.604	0.604	0.578	0.578

Tabelle 19: Input-/Output-Koeffizienten des wasser-, luft- und schienengebundenen Verkehrs sowie für Licht und Kraft

		Input	Output
Binnenschiffahrt	BS	0.26 kWh DIS	1 tkm TKM
Flugzeug	LH	1.0 kg LOD	1.0 kg KEL
Eisenbahn	DB	0.20 kWh ELG 0.09 kWh ELM	1.0 tkm TBM
Licht und Kraft	DEE	1.0 kWh ELE	1.0 kWh LIK

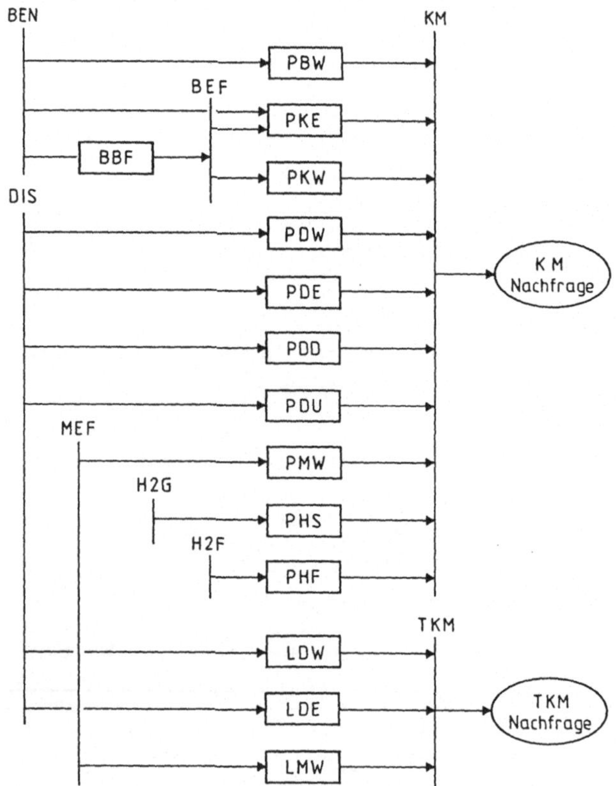

Abb. 28: Straßenverkehr

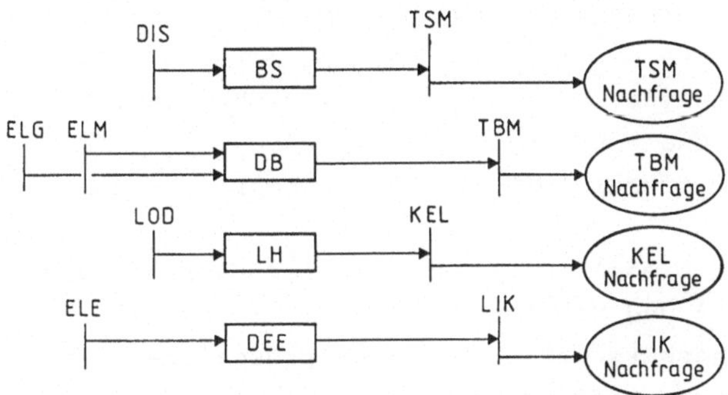

Abb. 29: Verkehr außer Straßenverkehr; Licht und Kraft

Zu den Endverbrauchertechnologien gehört die folgende Legende:

<u>Legende</u>

DIK: Prozeßwärmeerzeugung mit Steinkohle (HCO)
DIB: Prozeßwärmeerzeugung mit Braunkohle (BCO)
DIH: Prozeßwärmeerzeugung mit schwerem Heizöl (HS)
DIL: Prozeßwärmeerzeugung mit leichtem Heizöl (HL)
DIG: Prozeßwärmeerzeugung mit Erdgas (GPI)
DIM: Prozeßwärmeerzeugung mit Methanol (MEH)
DIW: Prozeßwärmeerzeugung mit Wasserstoff (H2I)
DIE: Prozeßwärmeerzeugung mit Strom (EII)
DKS: Stahlerzeugung mit Koks (KOS)

DHK: Heizung mit Haushaltskohle (HCW)
DHB: Heizung mit Braunkohlebriketts (BCW)
DHL: Heizung mit leichtem Heizöl (HL)
DHG: Heizung mit Erdgas (GRW)
DBK: Heizung mit Brennwertkessel/Erdgas (GRW)
DHM: Heizung mit Methanol (MEH)
DHH: Heizung mit Wasserstoff (H2G)
DHE: Direktheizung mit Strom (EEW)
DHN: Nachtspeicherheizung mit Strom (ENH)
DSP: Wärmedämmung
DFW: Heizung mit Fernwärme durch Heizkraftwerk mit Steinkohleeinsatz (HCP) und Kuppelstrom (ELMP)
BBF: Entbleiung des Benzins
PBW: Pkw mit verbleitem Benzin (BEN)

PKE: Pkw nach EG-Norm mit verbleitem (BEN) und unverbleitem (BEF) Benzin

PKW: Pkw nach US-Norm (Katalysator) mit unverbleitem Benzin (BEF)

PDW: Pkw mit Diesel (DIS) und hoher Fahrleistung

PDE: Pkw (partikelarm) mit Diesel (DIS) und hoher Fahrleistung

PDD: Pkw mit Diesel (DIS) und normaler Fahrleistung

PDU: Pkw (partikelarm) mit Diesel (DIS) und normaler Fahrleistung

PMW: Pkw mit Methanol (MEF) und Katalysator

PHS: Pkw mit gasförmigem Wasserstoff (H2G) im Hydridspeicher

PHF: Pkw mit flüssigem Wasserstoff (H2F)

LDW: Lkw mit Diesel (DIS)

LDE: Lkw (partikelarm) mit Diesel (DIS)

LMW: Lkw mit Methanol (MEF) und Katalysator

BS: Binnenschiffahrt mit Dieselantrieb (DIS)

LH: Flugverkehr mit Diesel/Kerosin

DB: Bundesbahn mit Grundlaststrom (ELG) und Mittellaststrom (ELM)

DEE: Verwendung von Strom (ELE) für Licht und Kraft

PW: Nachfrage Prozeßwärme (kWh)

RW: Nachfrage Raumwärme (kWh)

KM: Nachfrage Personenverkehr (km)

TKM: Nachfrage Güterverkehr Straße (tkm)

TSM: Nachfrage Güterverkehr Wasser (tkm)

TBM: Nachfrage Güterverkehr Schiene (tkm)

KEL: Nachfrage Flugverkehr (Kerosin) (kWh)

LIK: Nachfrage Licht und Kraft (kWh)

ST: Nachfrage Stahl (t)

Den spezifischen Energieverbrauch pro Einheit Nachfrage (Normierung) an Prozeß- bzw. Raumwärme zeigt Tabelle 16.

Die zeitliche Entwicklung des spezifischen Kraftstoffverbrauchs beim Personen- und Güterstraßenverkehr ist gesondert ausgewiesen in den Tabellen 17 und 18. Weitere Input-/Output-Koeffizienten sind in Tabelle 19 aufgeführt. Tabelle 20 zeigt die Abnahme der durchschnittlichen Fahrleistung der Pkw.

Die Kosten der Endverbrauchertechnologien sind in Tabelle 21 aufgeführt. Die dazugehörigen Auslastungen sind:

Tabelle 20: Pkw-Fahrleistung in km/a

Periode / Pkw	1 1980-85	2 1985-90	3 1990-95	4 1995-2000	5-8 2000-40
Alle Pkw außer PDW und PDE	12000	12000	12000	11000	10500
PDW/PDE	25200	23700	23700	22600	22100

Prozeßwärmeerzeugung:	0.5 = 4380 h/a
Stahlerzeugung:	0.6 = 5250 h/a
Raumwärmeerzeugung:	0.15 = 1310 h/a
Fernwärme (HKW):	0.4 = 3500 h/a
Pkw mit normaler Auslastung:	0.023-0.020 = 200-175 h/a mit durchschnittlich 60 km/h
Pkw mit hoher Auslastung:	0.048-0.041 = 420-360 h/a mit durchschnittlich 60 km/h
Lastkraftwagen:	0.21 = 1840 h/a mit durchschnittlich 47.3 tkm/h
Binnenschiffahrt:	0.15 = 1310 h/a (Normierung)
Luftverkehr:	1.0 (Normierung)
Schienenverkehr:	0.20 = 1750 h/a (Normierung)
Licht und Kraft:	0.20 = 1750 h/a

Die Entbleiung des Benzins ist mit einem Preisaufschlag von 0,3 Pf/kWh verbunden.
Die Investitionen für Prozeßwärme- und Raumwärmeerzeugung sowie Licht und Kraft werden in DM/kW (Nutzenergie) angegeben. Die Umrechnung in die vom Modell genutzten Einheiten ist:

DM/kWh/a = (DM/kW)/(8760 h/a)

Die Pkw-Investitionen werden in DM/Pkw bzw. DM/Lkw ausgewiesen. Hier erfolgt die Umrechnung nach:

DM/km/a = (DM/Pkw)/(60 km/h Pkw)/(8760 h/a)

bzw.

Tabelle 21: Spezifische Kosten der Endverbrauchertechnologien

	Investitionen	variable Kosten	Bezug
Prozeßwärme	DM/kW	DM/kWh	PW
DIK	234	0.007	
DIB	263	0.01	
DIH	163	0.0039	
DIL	144	0.0033	
DIG	137	0.0026	
DIM	144	0.0035	
DIW	137	0.0026	
DIE	130	0.0013	
Stahlerzeugung	DM/kg/a	DM/kg	ST
DKS	0.015	0.0025	
Raumwärme	DM/kW	DM/kWh	RW
DHK	215	0.0050	
DHB	215	0.0050	
DHL	155	0.01	
DHG	120	0.011	
DBK	500	0.01	
DHM	150	0.01	
DHH	132	0.011	
DHE	60	0.011	
DHN	100	0.0002	
DSP	4450	0	
DFW	3065	0.009	
Personen-kraftwagen	DM/Pkw	DM/km	KM
PBW	20600	0.10	
PKE	21350	0.102	
PKW	22200	0.11	
PDW/PDD	21600	0.09	
PDE/PDU	23200	0.09	
PMW	23100	0.11	
PHS	29200	0.1	
PHF	26300	0.1	

	Investitionen	variable Kosten	Bezug
Lastkraft-wagen	DM/Lkw	DM/tkm	TKM
LDW	45200	0.05	
LDE	47700	0.055	
LME	46400	0.055	
Wasser + Schiene	DM/tkm/a	DM/tkm	TSM/TBM
BS	0.10	0.02	TSM
DB	0.075	0.03	TBM
Luftfahrt	DM/kg/a	DM/kg	KEL
LH	0.1	1.0	

DM/tkm/a = (DM/Lkw)/(1/47.3 tkm/h Lkw)/(8760 h/a)

Die Bauzeit der Endverbrauchertechnologien wird im Modell einheitlich auf ein Jahr gesetzt. Die Lebensdauer beträgt:

- Prozeßwärmeerzeugungsanlagen 20 Jahre
- Stahlerzeugungsanlagen 20 Jahre
- Raumwärmeerzeugungsanlagen 10 Jahre
- Wärmedämmung 50 Jahre
- Heizkraftwerk/Fernwärmenetze 20 Jahre
- Personenkraftwagen 10 Jahre
- Lastkraftwagen 15 Jahre
- Binnenschiffe 40 Jahre
- Eisenbahn 30 Jahre
- Luftverkehr 10 Jahre
- Licht- und Kraftanlagen 10 Jahre

Tabelle 22 zeigt die Resids der Endverbrauchertechnologien, die sich über mehrere Perioden erstrecken.

Das Resid einer Technologie in einer Periode i ist die noch in dieser Periode vorhandene Kapazität der Technologie aus Zeiten vor dem betrachteten Optimierungszeitraum 1980-2040. "Technologien", die kei-

Tabelle 22: Resids der Kapazitäten beim Endverbraucher

Technologie \ Periode	1 1980- 1985	2 1985- 1990	3 1990- 2000	4 2000- 2010	5 2010- 2020	6 2020- 2030	7-8 2030- 2040
Prozeß-wärme (GW)							
DIK	3.0	2.0	1.0	0			
DIB	1.11	0.74	0.37	0			
DIH	12.79	6.39	3.20	0			
DIL	5.02	2.51	1.26	0			
DIG	12.33	7.71	3.08	0			
DIM/DIW	0						
DIE	8.22	4.11	2.05	0			
Stahlerzeugung (Mio t/a)							
DKS	58.4	29.2	14.6	7.3	0		
Raumwärme (GW)							
DHK	5.71	0					
DHB	4.85	0					
DHL	111.3	0					
DHG	56.5	0					
DBK/DHM/ DHH/DSP	0						
DHE	17.33	8.66	0				
DHN	7.16	3.58	0				
DFW	7.71	5.14	2.57	0			
Pkw (Mio)							
PBW	11.4	0					
PDW	1.0	0					
PKE/PKW/ PDE/PDD	0						
PDU/PMW/ PHS/PHF	0						
Lkw (Mio)							
LDW	1.04	0.52	0				
LDE/LMW	0						

Periode / Technologie	1 1980- 1985	2 1985- 1990	3 1990- 2000	4 2000- 2010	5 2010- 2020	6 2020- 2030	7-8 2030- 2040
Wasser + Schiene (Mrd tkm/a)							
BS	281.6	240.0	201.6	160.0	121.6	22.4	0
DB	265.6	214.4	160.0	105.6	25.6	0	
Luftverkehr (Mio t Kerosin/a)							
LH	4.35	0					
Licht und Kraft (GW)							
DEE	54.8	0					

ne Investitionsvariable haben, d.h., die ohne Kapazitäten gerechnet werden, haben auch keine Resids und sind somit in Tabelle 22 nicht aufgeführt.

Der dynamische Abbau der Resids basiert auf der Altersstruktur der Technologien am Beginn der Optimierung.
Eine Umrechnung der Kapazitäten in Einheiten, die im Modell genutzt werden, erfolgt analog der entsprechenden Umrechnung für die Investitionen.

4.3.9 Umweltsektor

Parallel zur Energieumwandlung treten Emissionen auf, die ebenfalls in MARNES erfaßt werden.

Die abgebildeten Emissionen sind:

- Schwefeldioxid SO_2
- Stickoxide NO_x (gerechnet als NO_2)
- Kohlendioxid CO_2

Während Schwefel und Kohlenstoff ausschließlich dem Brennstoff entstammen und sich aus der chemischen Zusammensetzung des Brennstoffs ergeben, kommt der Stickstoff zu einem großen Anteil aus der Luft. Die Bildung von Stickoxiden ist daher von der Art der Verbrennung (z.B. Temperaturniveau) abhängig. So können die Stickoxide theoretisch vermieden werden, wenn mit Sauerstoff statt mit Luft verbrannt wird und ein Brennstoff ohne Stickstoffverunreinigungen vorliegt.

Der durchschnittliche Schwefelgehalt für Brennstoffe, mit denen in MARNES gerechnet wird, ist für

Steinkohle:	14 g S/kg	
Braunkohle:	3,8 g S/kg	
Heizöl-S:	20 g S/kg	
Heizöl-L:	3.0 g S/kg	normal
	1.5 g S/kg	nach Entschwefelung in der Raffinerie

Die CO_2-Emissionen basieren auf folgenden Kohlenstoffanteil am fossilen Brennstoff:

Steinkohle:	0.80 kg C/kg
Braunkohle:	0.30 kg C/kg
Heizöl-S:	0.93 kg C/kg
Heizöl-L:	0.89 kg C/kg
Methanol:	0.38 kg C/kg
Erdgas:	0.54 kg C/m^3

Die Umweltströme werden getrennt für den Konversionsbereich (d.h. Umwandlung und Industrie) und den Endbenutzerbereich (d.h. Haushalt und Verkehr) auf "Sammelschienen" bilanziert.

Die SO_2- und NO_x-Emissionen werden gemäß ihrer Herkunft darüber hinaus nach Industrie und Umwandlung sowie nach eingesetztem Brennstoff unterschieden. Dies erleichtert eine Simulation von gesetzlichen Maßnahmen zur Emissionsminderung, die z.B. eine maximale Konzentration von SO_2 und NO_x im Rauchgas vorschreibt. Um eventuelle Emissionsrestriktionen einhalten zu können, sind für Schwefeldioxid und Stickoxide Rückhaltetechniken, d.h. Entschwefelungs- und Entstickungsanlagen, abgebildet. Der Rückhaltegrad für eine moderne Entschwefelungs- bzw. Entstickungsanlage wird im Modell zu 90 % gesetzt. Parallel hierzu sind auch keine Rückhaltung bzw. eine rechnerisch vollständi-

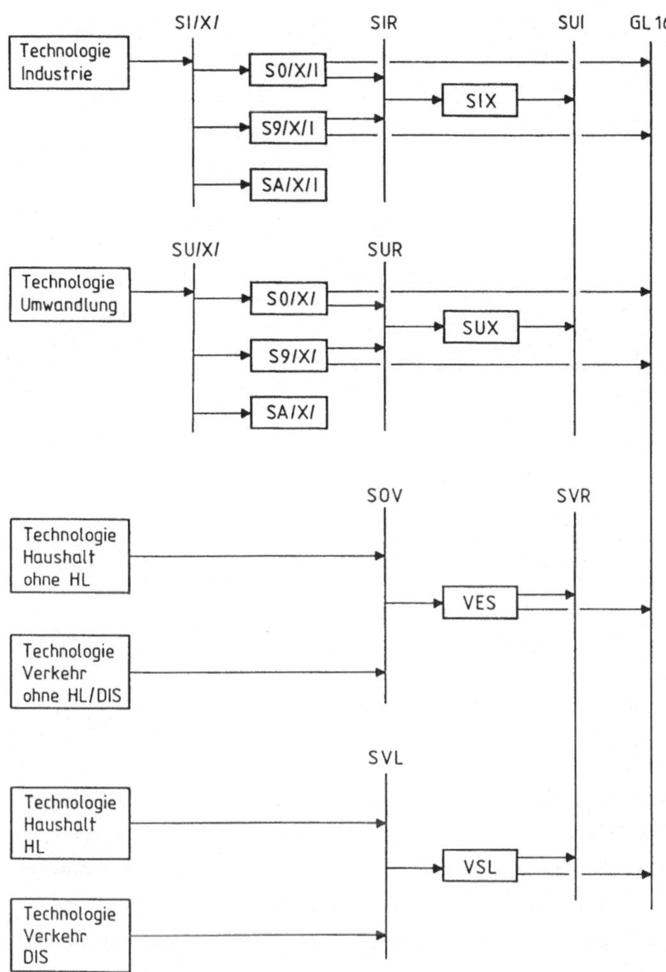

Abb. 30: SO_2-Emissionen und Entschwefelungsanlagen

ge Rückhaltung (die z.B. durch eine mehrfache Entschwefelung eines Rauchgasvolumens näherungsweise erreicht wird, allerdings mit stark erhöhten Kosten) abgebildet. Somit kann im Modell ein bestimmter vorgegebener Rückhaltegrad mit einer linearen Kombination zwischen 0 % und 100 % Rückhaltung von SO_2 und NO_x erreicht werden. Die verbleibenden Mengen werden mit den im Endbenutzerbereich anfallenden Emissionen sodann gemeinsam zur Darstellung der resultierenden Gesamtemissionen erfaßt.

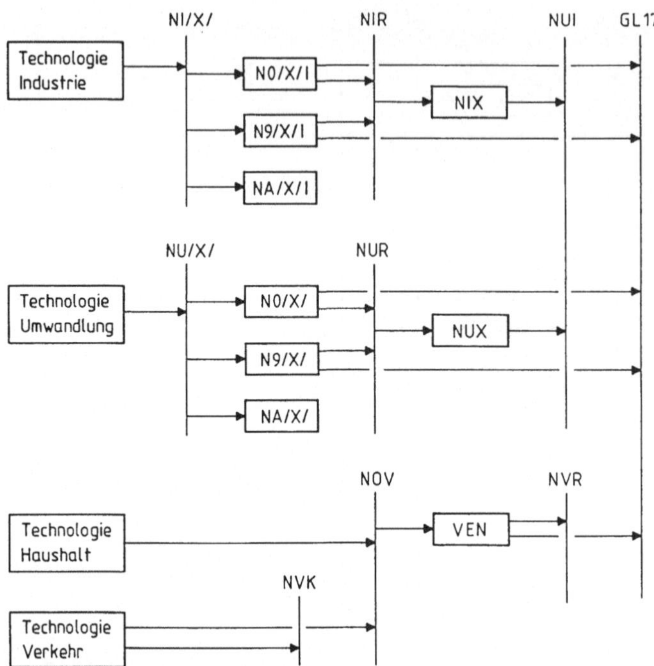

Abb. 31: NO_x-Emissionen und Entstickungsanlagen

Im Endbenutzerbereich werden bei den SO_2-Emissionen die Technologien, die Heizöl-L/Diesel einsetzen, rechnerisch getrennt behandelt, da die Schwefelkonzentration in diesem Mineralölprodukt durch Entschwefelung in der Raffinerie variieren kann. Die NO_x-Emissionen aus dem Verkehrssektor werden im Modell auch in einer separaten Gleichung bilanziert.

Zu den CO_2-Emissionen tragen die Verbrennung fossiler Brennstoffe in allen Sektoren sowie die Abgabe von CO_2-Überschuß aus den Gasprodukten der neuen Technologien bei. Um der Minderung des spezifischen Kohlenstoffanteils im Erdgasnetz durch Zumischung von Wasserstoff Rechnung zu tragen, wird bei den entsprechenden Technologien von der CO_2-Sammelschiene CO_2 abgezogen.

Die Abbildungen 30, 31 und 32 zeigen die Modellierung des Umweltsektors. Die Abbildung der SO_2- und NO_x-Emissionen in den Sektoren Umwandlung und Industrie sowie der entsprechenden Rückhaltetechnologien sind komprimiert dargestellt. Der Parameter /X/ steht für einen speziellen Brennstoff, so daß für jeden Brennstoff die zugehörigen

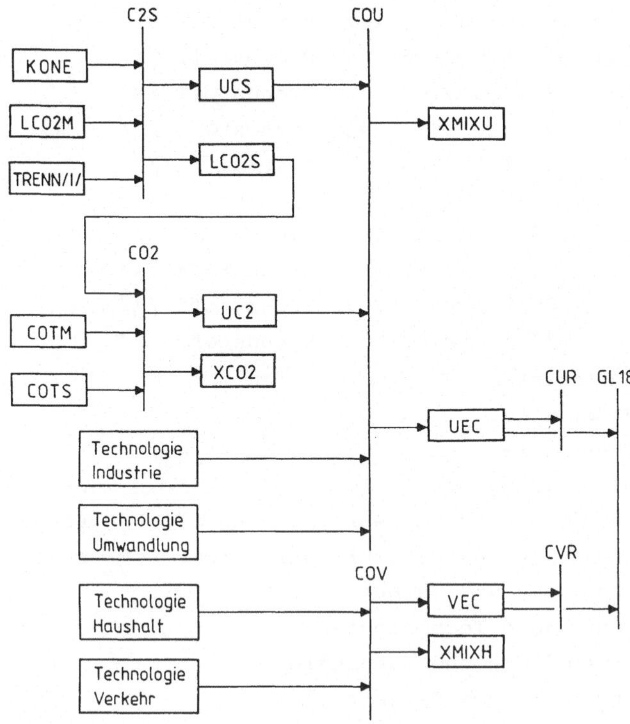

Abb. 32: CO_2-Bilanz

Bilanzgleichungen für die Emissionen mit den zugehörigen Rückhaltetechnologien aufgestellt werden.

Legende

Brennstoffe

/X/ = K: Steinkohle
/X/ = B: Braunkohle
/X/ = S: Heizöl-S
/X/ = L: Heizöl-L
/X/ = G: Erdgas, bei NO_x auch H_2, CO und Methanol

Technologien

S0/X/I: Entschwefelung von 0 % Industrie, Brennstoff /X/
S9/X/I: Entschwefelung von 90 % Industrie, Brennstoff /X/

SA/X/I: Entschwefelung von 100 % Industrie, Brennstoff /X/
S0/X/: Entschwefelung von 0 % Umwandlung, Brennstoff /X/
S9/X/: Entschwefelung von 90 % Umwandlung, Brennstoff /X/
SA/X/: Entschwefelung von 100 % Umwandlung, Brennstoff /X/
N0/X/I: Entstickung von 0 % Industrie, Brennstoff /X/
N9/X/I: Entstickung von 90 % Industrie, Brennstoff /X/
NA/X/I: Entstickung von 100 % Industrie, Brennstoff /X/
N0/X/: Entstickung von 0 % Umwandlung, Brennstoff /X/
N9/X/: Entstickung von 90 % Umwandlung, Brennstoff /X/
NA/X/: Entstickung von 100 % Umwandlung, Brennstoff /X/
SIX: Allokation SO_2 Industrie
SUX: Allokation SO_2 Umwandlung
NIX: Allokation NO_x Industrie
NUX: Allokation NO_x Umwandlung
VES: Allokation SO_2 Haushalt und Verkehr (ohne Heizöl-L/Diesel)
VSL: Allokation SO_2 Haushalt und Verkehr (nur Heizöl-L/Diesel)
VEN: Allokation NO_x Haushalt und Verkehr
UCS/UC2: Allokation CO_2 aus neuen Technologien
UEC: Allokation CO_2 Umwandlung und Industrie
VEC: Allokation CO_2 Haushalt und Verkehr

Emissionen

SI/X/: SO_2 Industrie, Brennstoff /X/
NI/X/: NO_x Industrie, Brennstoff /X/
SU/X/: SO_2 Umwandlung, Brennstoff /X/
NU/X/: NO_x Umwandlung, Brennstoff /X/
SIR: SO_2 Industrie nach Entschwefelung
NIR: NO_x Industrie nach Entstickung
SUR: SO_2 Umwandlung nach Entschwefelung
NUR: NO_x Umwandlung nach Entstickung
SUI: SO_2 Konversion
NUI: NO_x Konversion
SOV: SO_2 Haushalt und Verkehr (ohne Heizöl-L/Diesel)
SVL: SO_2 Haushalt und Verkehr (nur Heizöl-L/Diesel)
SVR: SO_2 Haushalt und Verkehr
NVK: NO_x Verkehr
NOV/NVR: NO_x Haushalt und Verkehr
GL16: SO_2 Gesamtemissionen
GL17: NO_x Gesamtemissionen
GL18: CO_2 Gesamtemissionen

Die Erklärung der sonstigen Abkürzungen in Abbildung 32 ist der Legende zu den neuen Technologien zu entnehmen.

Zu den verschiedenen Sammelschienen für SO_2 und NO_x tragen folgende Technologien bei:

Umwandlung

SUK/NUK: DFW, KOKW, KOKWM, KWSN, SKG, SKM, SKS, SVH2
SUB/NUB: BKG, BKM, BVH2, KWBN
SUS/NUS: FU2, OHM, OLV
SUL/NUL: OLS, HCU, OS5U
SUG/NUG: BCOG, BCOM, BH2G, BH2M, FU1, GKM, GTS, ICI, NGTM, NGTS, XMF, XMH

Industrie

SIK/NIK: DIK, DKS, KOI
SIB/NIB: DIB
SIS/NIS: DIH
SIL/NIL: DIL, XLBUP, HCI, OS5I
SIG/NIG: DIG, DIM, DIW, XMBUP

Haushalt

SOV/NOV: DBK, DHB, DHG, DHH, DHK, DHM
SVL/NOV: DHL, HC2, OS5

Verkehr

SOV/NOV/NVK: LMW, PBW, PHF, PHS, PKE, PKW, PMW
SVL/NOV/NVK: BS, LDE, LDW, PDD, PDE, PDU, PDW

Zusätzlich zu den oben aufgeführten Technologien tragen zur CO_2-Bilanz noch UCS, UC2 und XMIXU bei aus den Sektoren Umwandlung und Industrie (COU) bzw. XMIXH aus den Sektoren Haushalt und Verkehr (COV).

Zur Identifikation der Technologien wird auf die Legenden aus der Sektorenbeschreibung hingewiesen.

In den Tabellen 23 und 24 sind die spezifischen Emissionswerte aufgeführt. Bei den meisten Technologien handelt es sich um prozeßbeding-

Tabelle 23: Spezifische Emissionen von SO_2, NO_x und CO_2 in den Sektoren Umwandlung, Industrie und Haushalt

Technologie	SO_2			NO_x			CO_2			Bezug
Umwandlung										
SKG	SUK	9.73	g/kWh	NUK	3.50	g/kWh	COU	1.00	kg/kWh	ELGP
SKM	SUK	10.30	g/kWh	NUK	3.70	g/kWh	COU	1.06	kg/kWh	ELMP
SKS	SUK	11.33	g/kWh	NUK	4.06	g/kWh	COU	1.16	kg/kWh	ELSP
KWSN	SUK	10.11	g/kWh	NUK	3.63	g/kWh	COU	1.04	kg/kWh	ELN
BKG	SUB	9.09	g/kWh	NUB	2.30	g/kWh	COU	1.28	kg/kWh	ELGP
BKM	SUB	9.60	g/kWh	NUB	2.44	g/kWh	COU	1.35	kg/kWh	ELMP
KWBN	SUB	9.41	g/kWh	NUB	2.39	g/kWh	COU	1.32	kg/kWh	ELN
GKM	SUG	0.10	g/kWh	NUG	1.40	g/kWh	COU	0.44	kg/kWh	ELMP
GTS	SUG	0.12	g/kWh	NUG	2.21	g/kWh	COU	0.53	kg/kWh	ELSP
OHM	SUS	10.88	g/kWh	NUS	2.81	g/kWh	COU	0.92	kg/kWh	ELMP
OLS	SUL	1.41	g/kWh	NUL	2.47	g/kWh	COU	0.81	kg/kWh	ELSP
KOKW	SUK	3.84	g/kWh	NUK	0.69	g/kWh	COU	0.92	kg/kWh	ELGP
KOKWM	SUK	3.84	g/kWh	NUK	0.69	g/kWh	COU	0.92	kg/kWh	ELMP
NGTM	SUG	0.13	g/kWh	NUG	0.05	g/kWh	COU	0.48	kg/kWh	ELMP
NGTS	SUG	0.13	g/kWh	NUG	0.05	g/kWh	COU	0.48	kg/kWh	ELSP
BCOG		-		NUG	0.55	g/kWh	COU	0.92	kg/kWh	ELGP
BCOM		-		NUG	0.55	g/kWh	COU	0.92	kg/kWh	ELMP
BH2G		-		NUG	0.55	g/kWh	COU	-		ELGP
BH2M		-		NUG	0.55	g/kWh	COU	-		ELMP
SVH2	SUK	0.37	g/kWh	NUK	0.03	g/kWh	COU	0.04	kg/kWh	GAP
BVH2	SUB	0.41	g/kWh	NUB	0.02	g/kWh	COU	0.04	kg/kWh	GAP
XMF		-		NUG	0.04	g/kWh	COU	0.02	kg/kWh	MEF
XMH		-		NUG	0.04	g/kWh	COU	0.02	kg/kWh	MEH
DFW	SUK	5.70	g/kWh	NUK	2.21	g/kWh	COU	0.73	kg/kWh	RW
HCU	SUL	-3.84	g/kg		-			-		VD
OS5U	SUL	-3.0	g/kg		-			-		LOD
FU1		-		NUG	6.90	g/kg	COU	2.95	kg/kg	RAG
FU2	SUS	40.0	g/kg	NUS	9.20	g/kg	COU	3.39	kg/kg	HOD
OLV	SUS	6.77	g/m^3	NUS	1.75	g/m^3	COU	0.57	kg/m^3	SG9
ICI	SUG	0.0	g/m^3	NUG	0.25	g/m^3	COU	0.88	kg/m^3	SG8
XMIXU		-			-		COU	-0.16	kg/kWh	GAP
XCOPG		-			-		COU	44.0	kg/kmol	COM
XC4M		-			-		COU	44.0	kg/kmol	C4M
XCO2PG		-			-		COU	44.0	kg/kmol	C2M

Technologie	SO_2		NO_x		CO_2		Bezug
Industrie							
DIK	SIK	4.26 g/kWh	NIK	1.50 g/kWh	COU	0.55 kg/kWh	PW
DIB	SIB	4.66 g/kWh	NIB	1.23 g/kWh	COU	0.73 kg/kWh	PW
DIH	SIS	5.63 g/kWh	NIS	1.20 g/kWh	COU	0.48 kg/kWh	PW
DIL	SIL	0.74 g/kWh	NIL	1.16 g/kWh	COU	0.48 kg/kWh	PW
DIG	SIG	0.05 g/kWh	NIG	0.69 g/kWh	COU	0.23 kg/kWh	PW
DIM		-	NIG	0.87 g/kWh	COU	0.32 kg/kWh	PW
DIW		-	NIG	0.62 g/kWh		-	PW
XLBUP	SIL	0.47 g/kWh	NIL	0.10 g/kWh		-	HL
XMBUP		-	NIG	-0.10 g/kWh		-	MEH
KOI	SIK	1.92 g/kg	NIK	2.06 g/kg	COU	0.59 kg/kg	HCO
DKS	SIK	0.45 g/kg	NIK	2.90 g/kg	COU	1.32 kg/kg	ST
HCI	SIL	-3.84 g/kg		-		-	VD
OS5I	SIL	-3.0 g/kg		-		-	LOD
Haushalt							
DHK	SOV	1.92 g/kWh	NOV	0.18 g/kWh	COV	0.65 kg/kWh	RW
DHB	SOV	0.51 g/kWh	NOV	0.16 g/kWh	COV	0.84 kg/kWh	RW
DHL	SVL	0.68 g/kWh	NOV	0.21 g/kWh	COV	0.38 kg/kWh	RW
DHG	SOV	0.04 g/kWh	NOV	0.09 g/kWh	COV	0.20 kg/kWh	RW
DBK	SOV	0.04 g/kWh	NOV	0.07 g/kWh	COV	0.16 kg/kWh	RW
DHM		-	NOV	0.12 g/kWh	COV	0.28 kg/kWh	RW
DHH		-	NOV	0.03 g/kWh		-	RW
HC2	SVL	-3.84 g/kg		-		-	VD
OS5	SVL	-3.0 g/kg		-		-	LOD

te Emissionen. Einige Technologien tragen aber nur rechnerisch zu den Bilanzgleichungen der Emissionen bei:
In den Technologien XLBUP und XMBUP, d.h. beim Gasersatz für abschaltbares Erdgas in der Industrie, wird für die Differenzen in den Emissionen bei der Verbrennung von Gas und leichtem Heizöl bzw. Methanol korrigiert, da später in der Industrie mit den spezifischen Emissionen des Erdgasbrenners gerechnet wird. Dies gilt analog für die Zumischung von Wasserstoff im Erdgasnetz (XMIXH und XMIXU), die zu

Tabelle 24: Spezifische Emissionen von SO_2, NO_x und CO_2 im Verkehrssektor

SO_2-Emissionen für Diesel-Fahrzeuge (Ref. SVL)

Periode / Technologie	1 1980- 1985	2 1985- 1990	3 1990- 1995	4 1995- 2000	5 2000- 2010	6 2010- 2020	7 2020- 2030	8 2030- 2040	Dim.
PDD/PDW PDU/PDE	0.42	0.42	0.38	0.37	0.36	0.35	0.34	0.34	g/km
LDW/LDE	0.36	0.36	0.33	0.32	0.31	0.30	0.29	0.29	g/tkm
BS	0.13	0.13	0.13	0.13	0.13	0.13	0.13	0.13	g/tkm

NO_x-Emissionen (Ref. NOV/NVK)

Periode / Technologie	1 1980- 1985	2 1985- 1990	3 1990- 1995	4 1995- 2000	5 2000- 2010	6 2010- 2020	7 2020- 2030	8 2030- 2040	Dim.
PBW	3.68	3.68	3.31	3.13	3.02	2.91	2.83	2.83	g/km
PKE	1.01	1.01	0.91	0.86	0.83	0.80	0.78	0.78	g/km
PKW	0.37	0.37	0.33	0.31	0.30	0.29	0.29	0.29	g/km
PDD/PDW	2.21	2.21	2.03	1.96	1.90	1.85	1.81	1.81	g/km
PDU/PDE	1.99	1.99	1.83	1.77	1.71	1.67	1.63	1.63	g/km
PMW	0.23	0.23	0.21	0.21	0.20	0.19	0.19	0.19	g/km
PHS	0.46	0.46	0.46	0.46	0.46	0.46	0.46	0.46	g/km
PHF	0.41	0.41	0.41	0.41	0.41	0.41	0.41	0.41	g/km
LDW	3.80	3.80	3.51	3.37	3.28	3.18	3.13	3.13	g/tkm
LDE	3.42	3.42	3.16	3.03	2.95	2.86	2.82	2.82	g/tkm
LMW	0.16	0.16	0.15	0.14	0.14	0.13	0.13	0.13	g/tkm
BS	1.38	1.38	1.38	1.38	1.38	1.38	1.38	1.38	g/tkm

insgesamt niedrigeren CO_2-Emissionen bei der Gasverbrennung führt. Die CO_2-Emissionen, die bei der Verbrennung des Purgegases entstehen, werden bei XCOPG, XCO2PG und XC4M berücksichtigt. Die Entschwefelung des leichten Heizöls bzw. Diesels in der Raffinerie wird dadurch berücksichtigt, daß bei den entsprechenden Technologien OS5, OS5I, OS5U und HC2, HCI, HCU rechnerisch Schwefeldioxid abgezogen wird.

CO_2-Emissionen (Ref. COV)									
Periode / Technologie	1 1980- 1985	2 1985- 1990	3 1990- 1995	4 1995- 2000	5 2000- 2010	6 2010- 2020	7 2020- 2030	8 2030- 2040	Dim.
PBW	0.27	0.27	0.25	0.23	0.22	0.22	0.21	0.21	kg/km
PKE/PKW	0.30	0.30	0.27	0.26	0.25	0.24	0.23	0.23	kg/km
PDD/PDW	0.23	0.23	0.22	0.21	0.20	0.20	0.19	0.19	kg/km
PDU/PDE	0.23	0.23	0.22	0.21	0.20	0.20	0.19	0.19	kg/km
PMW	0.20	0.20	0.18	0.18	0.17	0.16	0.16	0.16	kg/km
LDW/LDE	0.21	0.21	0.19	0.18	0.18	0.17	0.17	0.17	kg/tkm
LMW	0.15	0.15	0.14	0.14	0.13	0.13	0.13	0.13	kg/tkm
BS	0.07	0.07	0.07	0.07	0.07	0.07	0.07	0.07	kg/tkm

Die spezifischen Emissionen im Verkehr sind mit der erwarteten Verbrauchsreduzierung dynamisiert (Tabelle 24). Die NO_x-Emissionen der Katalysatorfahrzeuge nach US-Norm betragen 10 % des normalen Benzin-Pkw. Darüber hinaus ist ein Durchschnitts-Pkw (PKE) abgebildet, der der Struktur der Pkw-Flotte nach EG-Beschluß vom 27.6.1985 entspricht. Seine Durchschnittsemission von NO_x errechnet sich entsprechend den pro Jahr gefahrenen Kilometern nach drei Hubraumklassen:

Hubraum	relative Anzahl*1	relative Fahrleistung*2	spezif. Emission (NO_x)	Durchschnitt
1,4 l	38 %	30 %	1,5 g/km*3	
1,4-2 l	49 %	50 %	0,8 g/km*4	1 g/km
2 l	13 %	20 %	0,8 g/km*5	

*1 Pkw-Bestand Mitte 1984 (Verteilung fortgeschrieben)
*2 Durchschnitt 12.000 km
*3 ohne Katalysator erreichbar
*4 weitgehend mit ungeregeltem Katalysator
*5 geregelter Katalysator

Im Modell werden die Emissionen in mol gerechnet. In den Tabellen 23 und 24 sind die spezifischen Werte in g bzw. kg angegeben mit der Umrechnung:

SO_2: 1 mol = 64 g
NO_x: 1 mol = 46 g (als NO_2 gerechnet)
CO_2: 1 mol = 44 g

Die Input-Output-Koeffizienten der Umwelt-Technologien zeigt Tabelle 25.

Für die Ermittlung der spezifischen Kosten der Rückhaltetechnologien sowie der Gleichungen zur Simulation der gesetzlichen Maßnahmen zur Emissionsminderung (z.B. GFAVO) werden folgende durchschnittliche Rauchgasmengen pro Einheit Brennstoff angenommen:

9.7 m^3 Rauchgas/kg Steinkohle
3.45 m^3 Rauchgas/kg Braunkohle
12.8 m^3 Rauchgas/kg Ölprodukt
7.3 m^3 Rauchgas/kg Methanol
11.3 m^3 Rauchgas/m^3 Erdgas

Als Basis für die SO_2- und NO_x-Rückhaltekosten dienen die spezifischen Kosten der Entschwefelungs- bzw. Entstickungsanlage eines Steinkohlekraftwerks im Mittellastbetrieb:

330 DM/kW Investitionskosten für die Entschwefelung
200 DM/kW Investitionskosten für die Entstickung

Mit 0.361 kg Steinkohle/kWh Strom (s. Tabelle 10) und 9.7 m^3 Rauchgas/kg Steinkohle (s. oben) ergeben sich spezifische Kosten bezogen auf das Rauchgasvolumen von

95 DM/m^3 Rauchgas/h für Entschwefelung und
57 DM/m^3 Rauchgas/h für Entstickung.

Hinzu kommt ca. 0.1 Pf/kWh als variable Kosten. Diese Kosten gelten für Rückhaltetechnologien im Umwandlungssektor. Die spezifischen Kosten für entsprechende Anlagen in der Industrie wurden im Modell um 50 % erhöht, weil die Anlagen hier im Durchschnitt kleiner sind.

Mit diesen spezifischen Kosten wird eine 90 %ige Rückhaltung angenommen. Die Kosten einer 100 %igen Rückhaltung werden näherungsweise bestimmt mit drei in Serie gekoppelten Anlagen mit je 90 % Rückhaltung. Der Rückhaltegrad ist somit ideal gerechnet 99.9 %, und die Kosten sind dreimal so hoch wie bei einer Anlage mit 90 % Rückhaltung. Im

Tabelle 25: Input-/Output-Koeffizienten der Umwelttechnologien

Technologie	Input		Output	
S0/X/I	SI/X/	1.0 mol	SIR	1.0 mol
			GL16	1.0 mol
S9/X/I	SI/X/	1.0 mol	SIR	0.1 mol
			GL16	0.1 mol
SA/X/I	SI/X/	1.0 mol		-
S0/X/	SU/X/	1.0 mol	SUR	1.0 mol
			GL16	1.0 mol
S9/X/	SU/X/	1.0 mol	SUR	0.1 mol
			GL16	0.1 mol
SA/X/	SU/X/	1.0 mol		-
N0/X/I	NI/X/	1.0 mol	NIR	1.0 mol
			GL17	1.0 mol
N9/X/I	NI/X/	1.0 mol	NIR	0.1 mol
			GL17	0.1 mol
NA/X/I	NI/X/	1.0 mol		-
N0/X/	NU/X/	1.0 mol	NUR	1.0 mol
			GL17	1.0 mol
N9/X/	NU/X/	1.0 mol	NUR	0.1 mol
			GL17	0.1 mol
NA/X/	NU/X/	1.0 mol		-
VES	SOV	1.0 mol	SVR	1.0 mol
			GL16	1.0 mol
VEN	NOV	1.0 mol	NVR	1.0 mol
			GL17	1.0 mol
VSL	SVL	1.0 mol	SVR	1.0 mol
			GL16	1.0 mol
SUX	SUR	1.0 mol	SUI	1.0 mol
SIX	SIR	1.0 mol	SUI	1.0 mol
NUX	NUR	1.0 mol	NUI	1.0 mol
NIX	NIR	1.0 mol	NUI	1.0 mol
UCS	C2S	1.0 mol	COU	1.0 mol
UC2	CO2	1.0 mol	COU	1.0 mol
UEC	COU	1.0 mol	CUR	1.0 mol
			GL18	1.0 mol
VEC	COV	1.0 mol	CVR	1.0 mol
			GL18	1.0 mol

Tabelle 26: Auslastung und Kosten der Rückhaltung

Technologie	Aus- lastung	Investitionen DM/mol/h	Variable Kosten DM/mol	Bezug
S9K	0.45	2050	0.0072	SUK
SAK	0.45	6150	0.0216	SUK
N9K	0.45	2480	0.0087	NUK
NAK	0.45	7440	0.0261	NUK
S9B	0.55	3190	0.0113	SUB
SAB	0.55	9570	0.0339	SUB
N9B	0.55	4560	0.016	NUB
NAB	0.55	13680	0.048	NUB
S9S	0.45	1950	0.0069	SUS
SAS	0.45	5850	0.0207	SUS
N9S	0.45	3290	0.0116	NUS
NAS	0.45	9870	0.0348	NUS
S9L	0.25	13020	0.0458	SUL
SAL	0.25	39060	0.1374	SUL
N9L	0.25	3290	0.0116	NUL
NAL	0.25	9870	0.0348	NUL
S9G	0.35	159340	0.56	SUG
SAG	0.35	478020	1.68	SUG
N9G	0.35	3850	0.0136	NUG
NAG	0.35	11550	0.0408	NUG
S9KI	0.5	3070	0.008	SIK
SAKI	0.5	9210	0.024	SIK
N9KI	0.5	3720	0.01	NIK
NAKI	0.5	11160	0.03	NIK
S9BI	0.5	4790	0.012	SIB
SABI	0.5	14370	0.036	SIB
N9BI	0.5	6830	0.018	NIB
NABI	0.5	20490	0.054	NIB
S9SI	0.5	2930	0.008	SIS
SASI	0.5	8790	0.024	SIS
N9SI	0.5	4950	0.013	NIS
NASI	0.5	14850	0.039	NIS
S9LI	0.5	19530	0.05	SIL
SALI	0.5	58590	0.15	SIL
N9LI	0.5	4940	0.013	NIL

Technologie	Aus- lastung	Investitionen DM/mol/h	Variable Kosten DM/mol	Bezug
NALI	0.5	14820	0.039	NIL
S9GI	0.5	239100	0.62	SIG
SAGI	0.5	717300	1.86	SIG
N9GI	0.5	5780	0.015	NIG
NAGI	0.5	17340	0.045	NIG

Modell wird angenommen, daß die Kosten der Rückhaltung proportional zu Rauchgasvolumen sind. Für die Braunkohle wird zusätzlich ein Kostenaufschlag von 20 % für die Entschwefelung gerechnet, um betriebsbedingte Schwankungen der Schwefelkonzentration abzudecken.

Es ergeben sich die in Tabelle 26 aufgeführten Kosten bezogen auf 1 mol SO_2 bzw. NO_x im Rauchgas vor Rückhaltung. Die Umrechnung der Investitionen in rechnerinterne Einheiten erfolgt nach:

$$DM/mol/a = (DM/mol/h)/(8760\ h/a)$$

In Tabelle 26 ist auch die mittlere Auslastung der Rückhaltetechnologien angegeben. Die Auslastung ist abhängig vom eingesetzten Brennstoff und repräsentiert eine gewichtete Mittelung über die Auslastung aller Technologien, die zu Emissionen durch Verbrennung dieses Brennstoffs beitragen.
Die Lebensdauer wird zu 20 Jahren angenommen, und die Bauzeit wird auf 2 Jahre gesetzt für alle Technologien in Tabelle 26.

Im Modell MARNES sind auch spezielle gesetzliche Maßnahmen zur Minderung von SO_2 und NO_x zur Simulation von GFAVO, TA-Luft und Verordnungen der Bundesländer abgebildet. Für Großanlagen wird angenommen, daß eine Konzentration von 200 mg SO_2 bzw. NO_x pro m^3 Rauchgas nicht überschritten werden darf. Für die Verbrennung von Gas wird die Grenze auf 100 mg NO_x pro m^3 angesetzt.

In der Industrie gelten diese Grenzwerte für Kesselanlagen größer als 50 MW. Zwar sind die meisten Industriekessel (ca. 90 %) kleiner als 50 MW, aber die wenigen großen Kessel produzieren etwa 85 % der gesamten Prozeßwärme und somit auch etwa 85 % der Emissionen in der Industrie und unterliegen den Grenzwerten von 200 mg bzw. 100 mg.

Diese Grenzwerte entsprechen je nach Technologie einem bestimmten Rückhaltegrad von SO_2 und NO_x. Sollte der errechnete Rückhaltegrad über 90 % liegen, wählt das Modell trotzdem eine 90 %ige Rückhaltung als technische maximale Rückhaltung.

Die Emissionsrestriktionen, wie oben beschrieben, sollen zuerst nur für neue Anlagen (z.B. Kraftwerke) nach 1985 gelten. Ab der Rechenperiode ab 1990 müssen aber auch Altanlagen mit einer entsprechenden Entschwefelungs- und Entstickungsanlage ausgerüstet sein.

Mit diesen Annahmen lassen sich Gleichungen aufstellen, die Rückhaltetechnologien mit emittierenden Technologien verknüpfen.

Nachfolgend wird anhand eines Beispiels die Erstellung dieser Gleichungen erläutert:

Beispiel SO_2 für Steinkohlekraftwerk, Mittellast (SKM):

1 kWh Strom entspricht 0.361 kg Steinkohle,
3.5 m^3 Rauchgas und
10.3 g SO_2.

Die SO_2-Konzentration im Rauchgas beträgt also:

$$10.3\ g/3.5\ m^3 = 2942\ mg\ SO_2/m^3$$

Der Grenzwert von 200 mg/m^3 ergibt rechnerisch 93 % Rückhaltegrad. In diesem Fall werden dann 90 % Rückhaltung gefordert.

Die Technologien S9K (90 % Rückhaltung) bzw. SAK (100 % Rückhaltung) entschwefeln das Rauchgas aus der Steinkohlenverbrennung. Es ergibt sich dann die folgende Restriktionsgleichung für die Perioden 2 bis 8:

$$1.0\ S9K + 1.1\ SAK - 0.161\ SKM \geq - R$$

Die Größe R ist in den Perioden nach 1995 (d.h. ab Periode 4) gleich Null. Vor 1995 repräsentiert R die Emissionen aus Altanlagen, d.h. in diesem Beispiel ist

R = RESID (SKM) Auslastung • 0.161
= 5.00 für die 2. Periode (1985-1990)
= 2.50 für die 3. Periode (1990-1995)

In der oben aufgeführten Gleichung kommen noch Beiträge von anderen Technologien, die ebenfalls Steinkohle verbrennen und SO_2 emittieren.

Insgesamt ergeben sich für alle Brennstoffe die in Tabelle 27 aufgeführten Gleichungen. Dabei ist berücksichtigt, daß nur 85 % der industriellen Emissionen die vorgeschriebenen Grenzwert nicht überschreiten dürfen. Es bedeuten:

BALAS/X/ = Restriktionsgleichung für SO_2 mit Brennstoff /X/ im Umwandlungssektor

BALAN/X/ = Restriktionsgleichung für NO_x mit Brennstoff /X/ im Umwandlungssektor

BALIS/X/ = Restriktionsgleichung für SO_2 mit Brennstoff /X/ in der Industrie

BALIN/X/ = Restriktionsgleichung für NO_x mit Brennstoff /X/ in der Industrie

Die Gleichungen in Tabelle 27 können in MARNES auch umgangen werden, wenn keine oder andere Emissionsrestriktionen wirken sollen.

Tabelle 27: Gleichungen zur Beschreibung der gesetzlichen Emissionsrestriktionen

```
BALANB >R: -.036*BKG-.038*BKM-.038*KWBN+1.1*NAB+1.0*N9B

BALANG >R: -.135*FU1-.0274*GKM-.046*GTS-.108*ICI+1.1*NAG+1.0*N9G

BALANK >R: -.0402*DFW-.071*KWSN+1.1*NAK+1.0*N9K-.0684*SKG-.073*SKM
           -.08*SKS

BALANL >R: +1.1*NAL+1.0*N9L-.0447*OLS

BALANS >R: -.167*FU2+1.1*NAS+1.0*N9S-.053*OHM-.71*OLV

BALASB >R: -.142*BKG-.15*BKM-.0058*BVH2-.147*KWBN+1.1*SAB+1.0*S9B

BALASK >R: -.0778*DFW-.054*KOKW-.054*KOKWM-.158*KWSN+1.1*SAK-.152*SKG
           -.161*SKM-.177*SKS-.0052*SVH2+1.0*S9K

BALASL >R: +.06*HCU-.015*OLS+.04*OS5U+1.1*SAL+1.0*S9L

BALASS >R: -.625*FU2-.17*OHM-2.37*OLV+1.1*SAS+1.0*S9S

BALINB >R: -.017*DIB+1.1*NABI+1.0*N9BI

BALING >R: -.0115*DIG-.014*DIM-.01*DIW+1.1*NAGI+1.0*N9GI

BALINK >R: -.0232*DIK-.0504*DKS-.0403*KOI+1.1*NAKI+1.0*N9KI

BALINL >R: -.018*DIL+1.1*NALI+1.0*N9LI

BALINS >R: -.018*DIH+1.1*NASI+1.0*N9SI

BALISB >R: -.062*DIB+1.1*SABI+1.0*S9BI

BALISK >R: -.057*DIK-.007*DKS-.03*KOI+1.1*SAKI+1.0*S9KI

BALISL >R: -.0068*DIL+.06*HCI+.04*OS5I+1.1*SALI+1.0*S9LI

BALISS >R: -.075*DIH+1.1*SASI+1.0*S9SI
```

	2.PERIODE	3.PERIODE	4.- 8. PERIODE
R (BALANB)	-1.533600	-0.766800	0.0
R (BALANG)	-0.392550	0.0	0.0
R (BALANK)	-4.684825	-2.342412	0.0
R (BALANS)	-0.291500	0.0	0.0
R (BALASB)	-6.049200	-3.024598	0.0
R (BALASK)	-10.152267	-5.076134	0.0
R (BALASS)	-0.935000	0.0	0.0
R (BALINB)	-0.552500	-0.027625	0.0
R (BALING)	-0.388125	-0.155250	0.0
R (BALINK)	-1.540591	-0.770296	0.0
R (BALINL)	-0.198000	-0.099000	0.0
R (BALINS)	-0.504000	-0.252000	0.0
R (BALISB)	-0.201500	-0.100750	0.0
R (BALISK)	-0.959790	-0.479895	0.0
R (BALISL)	-0.074800	-0.037400	0.0
R (BALISS)	-2.100000	-1.050000	0.0

5 Verringerung der CO_2-Emissionen - ein Rechenbeispiel

Die Anwendung des vorgestellten Modells sei im folgenden exemplarisch dargestellt. Dabei ist die Fragestellung bewußt von aktuellen Problemen gelöst, um ein typisches Vorgehen mit der verwendeten Analyseart deutlicher herausstellen zu können.

5.1 Fragestellung

Zu untersuchen sei, ob die Energieumwandlung und die Energienutzung in der Bundesrepublik so gestaltet werden können, daß die CO_2-Emissionen nennenswert, d.h. in der Größenordnung von 1/3 bis zur Hälfte gegenüber den heutigen CO_2-Emissionen, gesenkt werden. Hierbei ist zu prüfen, ob neue Energiesysteme der beschriebenen Art einen Beitrag leisten können und ob dies möglich ist, ohne im Rahmen dieser Aufgabenstellung den Kernenergieausbau noch weiter zu forcieren. Als Betrachtungszeitraum steht zur Lösung der Aufgabe ein Zeitraum von rund 50 Jahren zur Verfügung.

5.2 Lösungsansatz

Typisch für viele, so auch für die hier gewählte, Fragestellungen ist, daß nach einer möglichen Veränderung in der Zukunft gefragt wird. Somit tritt immer das Problem der Definition des Maßstabes im Sinne eines Referenzfalles auf, an dem man die Veränderung mißt.

Ein typisches Vorgehen ist hierbei, daß man quasi normativ - in Form einer Szenariorechnung eine Entwicklung vorgibt, die sich ohne die besondere zusätzliche Aufgabenstellung einstellen würde, und sodann in einem weiteren Szenario unter sonst gleichen Voraussetzungen die sich ergebende Entwicklung nochmals darstellt, wenn Zusatzbedingungen entsprechend der Aufgabenstellung gefordert sind. Diese Szenarien werden gemeinhin oft als Prognosen verstanden. Dies ist aber nicht richtig, da es sich hier jeweils um Projektionen unter streng einzuhaltenden Voraussetzungen handelt. Ihr prognostischer Charakter ist allenfalls in den Voraussetzungen angelegt. Er ist aber im Hinblick auf die gewünschte Aussage meist von untergeordneter Bedeutung, da mehr auf die sich einstellende Veränderung (Differenz) zweier Szenarien hin gearbeitet ist, um deutlicher Umstellungen bzw. Reaktionen auf neue Randbedingungen herauszustellen. Je stärker Szenarien in Prognoserahmen eingebettet werden, desto geringer ist der verbleibende Spielraum für Systemreaktionen und somit das gewünschte Ergebnis undeutlich. Daher sollten Szenariorechnungen nicht als Prognosen interpretiert, sondern als Lernhilfen verwendet werden. Die dabei gewonnenen Ergebnisse können, falls gewünscht, als zusätzliche Prognosehilfen verwendet werden.

Unter Einhaltung dieses Grundverständnisses wird bei der Lösung der in Abschn. 5.1 beschriebenen Fragestellung wie folgt vorgegangen:

Es wird ein Demand in Anlehnung an bestehende Prognosen auf der Nutzenergieseite vorgegeben. Die "Richtigkeit" im Sinne der Plausibilität dieser Demandentwicklung muß außerhalb der Modellrechnung erfolgen und wird daher im Rahmen dieser Beispielsrechnung auch nicht weiter diskutiert.

Dem Modell obliegt es nun aufgrund der ihm gegebenen Lösungsmöglichkeiten, eine konsistente Lösung unter dem Prinzip der Kostenminimalität zu errechnen. Dieser Lösung wird eine zweite gegenübergestellt, die zusätzlich eine vorgegebene CO_2-Emissionsverringerung zu gewährleisten hat und dabei keinen Kernkraftwerkszubau über den Vergleichsfall beinhalten soll. Aus dem Vergleich beider Rechenläufe kann nach den durch den Reportwriter ausgewiesenen Detailinformationen auf die erforderlichen Veränderungen in den Energiesystemen entsprechend der Fragestellung geschlossen werden. Dies ist in den folgenden Unterkapiteln exemplarisch und nicht in der möglichen kompletten Detailfülle vorgeführt.

5.2.1 Szenarioannahmen in beiden Rechenläufen

Für beide Rechenläufe werden folgende Annahmen zur Szenariofestlegung zugrundegelegt:

1. Demand: Der Demand wird auf der Nutzenergieebene vorgegeben. Er ist in Übereinstimmung mit wesentlichen Rahmendaten der Mitte der 80er Jahre allgemein akzeptierten Prognosen (z. B. der der Prognos AG) wie Bruttosozialproduktentwicklung, Bevölkerungsentwicklung, Wohnflächenzuwachs etc. gewählt. Die Zahlenwerte können Abbildung 33 entnommen werden. Für den Energieträgermix sind nur Randbedingungen wie Förderober- bzw. -untergrenzen für Braun- und Steinkohle gesetzt, zwischen denen sich die Endenergie- und Primärenergieträgerstruktur nach Kostenoptimalitätskriterien einstellen können.

Ferner wurde für beide Szenarioläufe eine Energieträgerpreisentwicklung primärseitig vorgegeben, bei der die Preisleitfunktion des Rohöls beibehalten wurde. Die Preisannahmen können der Abbildung 34 entnommen werden.

Der 1986 gültige Stand der Großfeuerungsanlagenverordnung, der TA-Luft und der EG-Regelung für die NO_x-Minderung der Pkw-Emissionen wurden als für die Zukunft weiterhin gültig fortgeschrieben. Sie sind in ihren Forderungen und Auswirkungen somit in beiden Szenarien Bestandteil der Rechnungen.

5.2.2 Szenario A

Mit der Bezeichnung A wurde mit den in Kapitel 5.2.1 genannten Rahmenbedingungen ein Rechenlauf gestartet unter der zusätzlichen Voraussetzung, daß keine grundsätzlich neuen Energiesysteme in den Markt kommen. Die unter Kostenoptimalitätskriterien errechnete Lösung wird anhand einiger Bilder vorgestellt.

So zeigt Abbildung 35 die resultierende Primärenergieträgerstruktur für die Energieversorgung der Bundesrepublik Deutschland. Auffallend ist zunächst die geringe Zunahme und dann sogar Abnahme des Primärenergieverbrauchs. Hier spiegeln sich bereits die im Demandvektor verarbeiteten Annahmen über geringes BSP-Wachstum von 2-2,5 %/a, die fortgeführte Energieeinsparung sowie die nach dem Jahr 2000 zurück-

Nachfrage Scenario

Periode	1	2	3	4	5	6	7	8
Pers.verkehr (Mrd km)	324.00	349.00	365.00	373.00	369.00	354.00	329.00	298.00
Güterverkehr (Mrdtkm)	246.00	259.50	275.00	293.00	314.50	318.00	309.00	299.00
- - Straße	137.00	153.00	168.00	185.00	202.00	204.00	198.00	190.00
- - Schiene	61.00	58.50	58.50	58.50	60.50	61.50	60.00	59.00
- - Wasser	48.00	48.00	48.50	49.50	52.00	52.50	51.00	50.00
Stahl (Mio t)	38.00	37.00	39.00	39.00	36.00	35.00	35.00	35.00
Prozesswärme (TWh)	300.00	286.00	285.00	285.00	281.00	264.00	237.00	220.00
Raumwärme (TWh)	600.00	590.00	594.00	589.00	579.00	566.00	531.00	471.00
Licht und Kraft (TWh)	193.00	218.00	228.00	237.00	245.00	250.00	247.00	242.00

Abb. 33: Tabelle des Reportwriters zur angenommenen Demandentwicklung (die Periodennummern bedeuten 1: 1980-85, 2: 1985-90, 3: 1990-95, 4: 1995-2000, 5: 2000-10, 6: 2010-20, 7: 2020-30, 8: 2030-40)

Preise für Primärenergieträger

Periode	1	2	3	4	5	6	7	8
Kernbrennst. (Pf/kWh)	0.70	0.73	0.77	0.81	0.85	0.88	0.90	0.91
Braunkohle (DM/t)	30.00	31.00	32.00	33.00	35.00	37.00	39.00	41.00
Braunkohle (Pf/kWh)	1.29	1.33	1.38	1.42	1.50	1.59	1.68	1.76
Steinkohle (DM/t)	265.00	278.50	292.70	307.60	331.50	359.00	377.40	392.80
Steinkohle (Pf/kWh)	3.26	3.42	3.60	3.78	4.07	4.41	4.64	4.82
Importkohle (DM/t)	181.00	168.00	160.00	173.00	196.00	220.00	235.00	255.00
Importkohle (Pf/kWh)	2.22	2.06	1.97	2.13	2.41	2.70	2.89	3.13
Gas (Pf/kWh)	3.74	3.74	3.70	3.85	4.59	5.26	5.86	6.45
Öl (DM/t)	600.00	530.00	470.00	530.00	620.00	710.00	800.00	880.00
Öl (Pf/kWh)	5.17	4.57	4.05	4.57	5.34	6.12	6.90	7.59

Abb. 34: Tabelle des Reportwriters zu den Preisannahmen

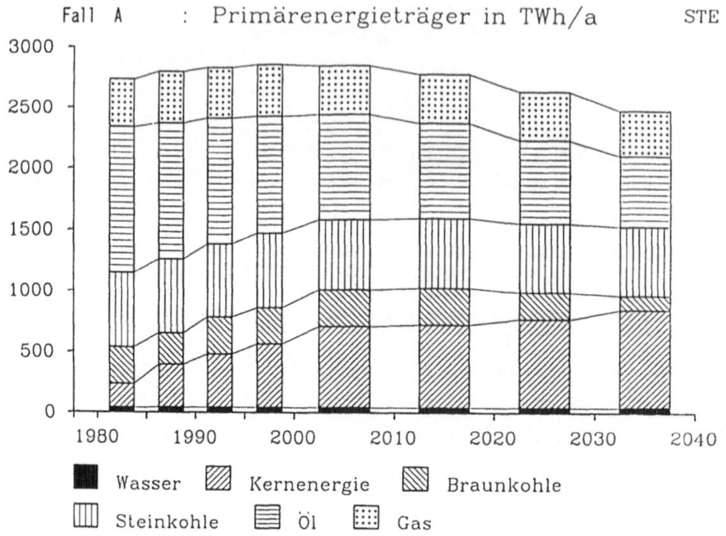

Abb. 35: Primärenergieträgerentwicklung im Szenario A

gehende Bevölkerungszahl wieder. Aufgrund der unterstellten Kostenstruktur ergibt sich eine Verschiebung der Primärenergieträgeranteile in Richtung auf mehr Gas und Kernenergie zu Lasten von Kohle und Öl.

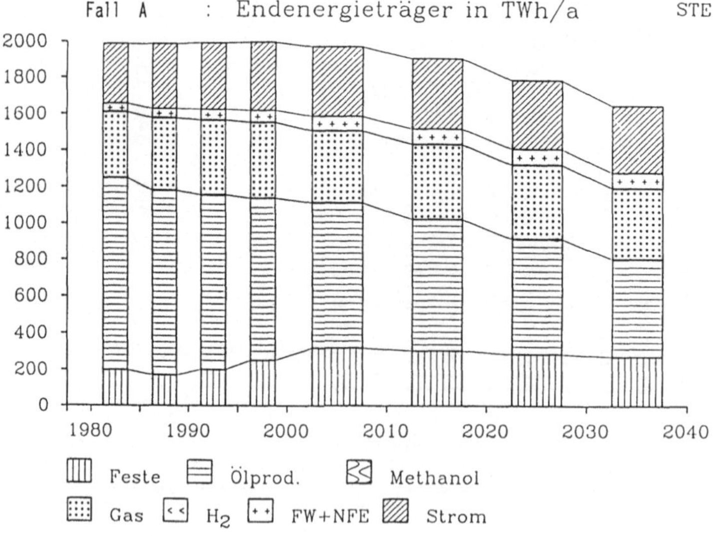

Abb. 36: Endenergieträgerentwicklung im Szenario A

Die Abbildung 36 wiederholt auf der Endenergieträgerebene den generellen Trend. Allerdings werden hier zusätzlich Verschiebungen der Bedeutung der Energieträger in den verschiedenen Märkten deutlich, wenn man die die Abbildung aufschlüsselnde Tabelle des Reportwriters zu Rate zieht (Abbildung 37). Während der Verkehrssektor den Mineralölprodukten erhalten bleibt und hier noch Zuwachsraten erzielt werden, verlieren die Mineralölprodukte im Wärmemarkt an das Gas und im Bereich der Industrie an Gas und teilweise an Kohle Marktanteile.

Die skizzierte Veränderung der Primär- und Endenergieträgerstruktur hat eine Verringerung des Kohlenstoffumsatzes innerhalb der Energieversorgung und -verwendung zur Folge. Da praktisch jedes Kohlenstoff-Atom, das über die Primärenergieträger in die Energieumwandlung und -versorgung eingeführt wird, nach seiner Nutzung als CO_2-Molekül endet, ist über den Zeitablauf mit einer Verringerung der CO_2-Emissionen bereits im Fall A zu rechnen. Dies wird durch das in Abbildung 38 dargestellte Ergebnis bestätigt. Bereits im "Referenzfall A" tritt eine Reduktion des CO_2-Ausstoßes um ca. 1/3 gegenüber heute auf. Auch die gesetzlichen Emissionsminderungsmaßnahmen gekoppelt mit der geschilderten Energieträgerentwicklung zeigen deutliche Wirkungen. Abbildung 39 zeigt die Entwicklung der SO_2- und Abbildung 40 die der NO_x-Emissionen. Hier tritt eine weitaus stärkere Reduktion der Emissionen auf, da hier nicht nur die Umstrukturierung der Energieträger Wirkung zeigt, sondern zusätzlich entsprechend den gesetzlichen Maßnahmen Rückhaltetechniken wirksam werden.

Im Sinne der Fragestellung kann bereits aus dem ersten Rechenlauf beantwortet werden, daß eine Reduktion der CO_2-Emissionen um 1/3 im Betrachtungszeitraum bereits im Rahmen der als normal vorgegebenen Entwicklung möglich ist.

5.2.3 Szenario B

Während Szenario A im wesentlichen als Referenz dient und somit Vergleichsbasis bei verschiedenen Fragestellungen sein kann, muß Szenario B konkret auf die Fragestellung zugeschnitten sein. Programmtechnisch bedeutet eine Umsetzung einer konkreten Fragestellung gegenüber dem Normfall immer eine Veränderung des Lösungsraums. Im anderen Fall bekäme man die gleiche Szenarioantwort, da es im gegebenen Lösungsraum - von Entartungen abgesehen - nur eine optimale Lösung

Endenergie nach Energieträgern in TWh/a

Periode	1	2	3	4	5	6	7	8
Steinkohle + Koks	182.95	140.86	150.17	193.45	252.12	240.94	228.60	220.83
Braunkohle + Briketts	14.40	29.30	49.60	58.09	65.78	62.67	57.17	52.20
Gas + H2-mix	361.10	397.23	408.90	414.17	392.81	409.95	406.32	390.06
Wasserstoff	0.00	0.00	0.00	0.00	0.00	0.00	0.00	0.00
Heizöl - S	185.92	179.01	183.84	163.09	137.28	129.11	111.91	92.39
Heizöl - L	416.58	358.93	315.46	265.91	207.07	163.73	121.33	71.71
Diesel + Kerosin	177.42	246.96	283.02	294.70	302.64	294.22	280.65	269.49
Benzin	269.89	222.93	171.61	161.05	146.82	131.70	115.66	98.27
Methanol	0.00	0.00	0.00	0.00	0.00	0.00	0.00	0.00
NFE - PW	0.00	0.00	0.00	0.00	0.00	0.00	0.00	0.00
NFE - RW	0.00	0.00	0.00	0.00	0.00	0.00	0.00	0.00
Fernwärme	48.75	51.63	59.40	66.26	79.61	84.90	86.29	85.37
Strom	328.44	358.25	367.40	376.40	384.06	385.44	375.78	366.58
Summe	1985.45	1985.08	1989.40	1993.12	1968.19	1902.67	1783.70	1646.90

Abb. 37: Tabelle des Reportwriters zur Endenergie

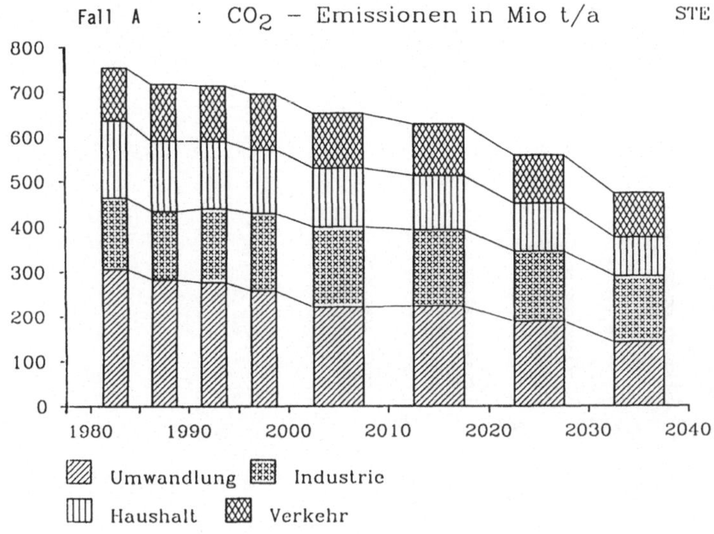

Abb. 38: CO_2-Emissionen im Szenario A

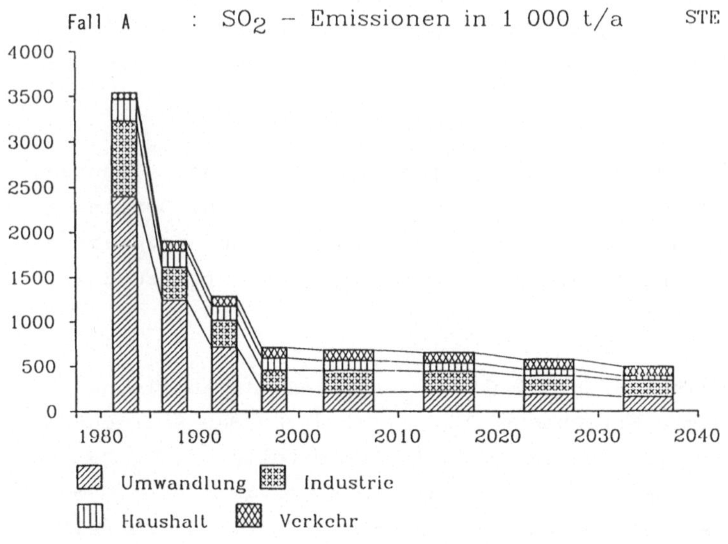

Abb. 39: SO_2-Emissionen im Szenario A

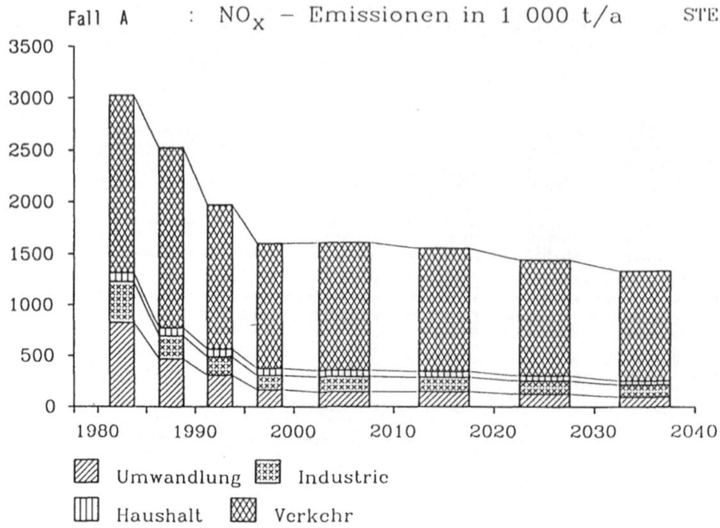

Abb. 40: NO_x-Emissionen im Szenario A

gibt. Somit bedeutet die Szenarioanpassung an die Fragestellung immer eine Verbiegung des Lösungsraums auf die zu untersuchende Frage hin. Dies kann eine Erweiterung und/oder Einengung des Optimierungsspielraums sein.

Im gewählten Beispiel wird zum einen eine Erweiterung des Lösungsraums vorgenommen, indem mögliche zusätzliche technische Optionen zur Demandbefriedigung in Form der neuen Energiesysteme zugelassen werden. Zum anderen wird eine Einengung vorgenommen durch zusätzlich zu erfüllende Restriktionen.

Eine Restriktion bezieht sich auf den CO_2-Ausstoß. In Abbildung 41 ist als obere Kurve die errechnete CO_2-Emission für den Betrachtungsfall A eingezeichnet. Im Hinblick auf die Fragestellung (CO_2-Reduktion um 50 %) wird nunmehr eine Begrenzung des CO_2-Ausstoßes (Bound auf die emittierte Menge) vorgenommen und als 2. Kurve dargestellt. Auf diese Weise wird ein Verhalten gemäß der Fragestellung erzwungen. Eine weitere Restriktion muß in der Begrenzung der Kernenergiekapazitäten auf das im Fall A am Ende des Betrachtungszeitraums erreichte Maß eingehalten werden (Abbildung 42). Damit wird wie in der Fragestellung verlangt, CO_2-Kompensation durch Kernenergiezubau ausgeschlossen.

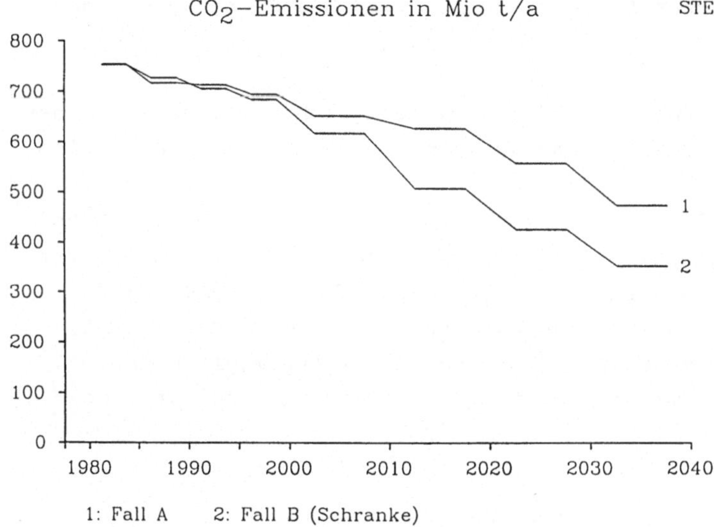

Abb. 41: Beschränkung der CO_2-Emissionen im Szenario B im Vergleich zu den resultierenden CO_2-Emissionen im Szenario A

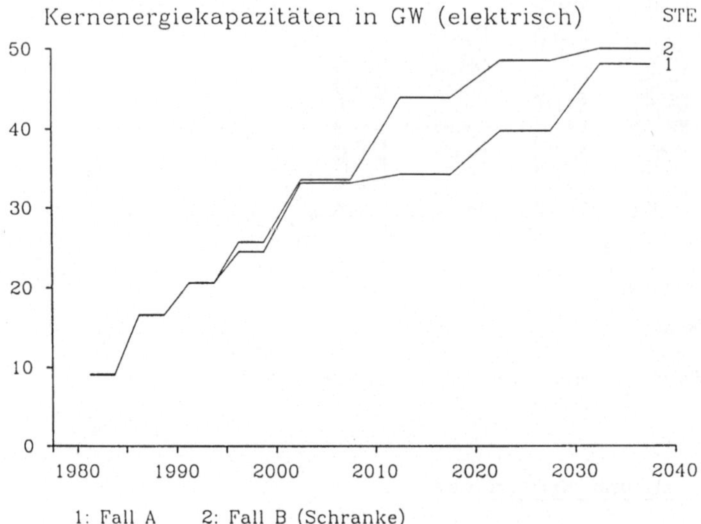

Abb. 42: Beschränkung der Kernenergiekapazitäten im Szenario B im Vergleich zu den resultierenden Kernenergiekapazitäten im Szenario A

Unter ansonsten gleichen Randbedingungen wird das Szenario B sodann gerechnet.

Ohne Kenntnis des Szenarios A läßt sich lediglich die Einhaltung der Restriktionen prüfen und feststellen, ob mit den Restriktionen eine feasible Lösung erreicht werden kann. Im vorliegenden Fall ergibt sich eine optimale Lösung. Die Einhaltung des Bounds kann durch Vergleich der Abbildungen 41 und 43 geprüft werden. Hierbei kann sogar festgestellt werden, daß in den ersten Zeitperioden der Bound unterschritten wurde. Somit kann zunächst nur beantwortet werden, daß eine Reduktion des CO_2-Ausstoßes um die Hälfte möglich ist. Weitergehende Ergebnisse sind erst aus dem Vergleich beider Szenarien ableitbar.

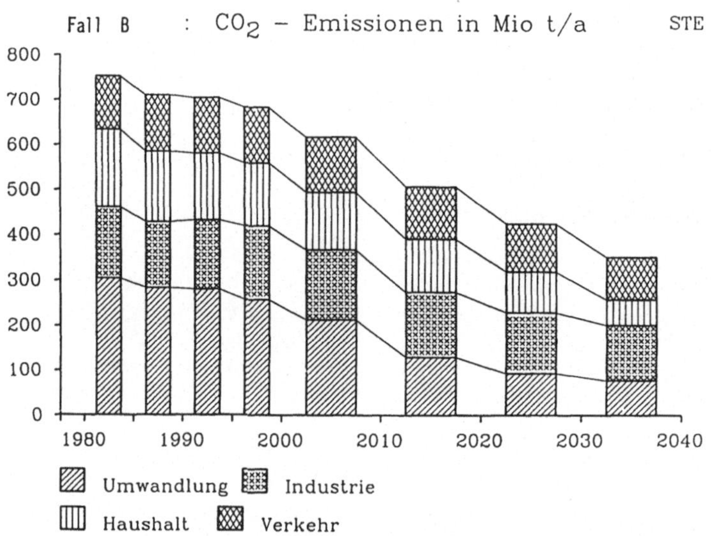

Abb. 43: Resultierende CO_2-Emissionen im Szenario B

5.2.4 Szenarienvergleich und Ergebnisse

Der Vergleich beider Szenarien erfolgt anhand der durch den Reportwriter aufbereiteten Informationen (Tabellen, Bilder) der beiden Rechenläufe. Die Gegenüberstellung beider Primärenergieverläufe (Abbildung44 und 35) zeigt zunächst, daß der Gesamteinsatz der Primärenergie ungefähr gleich ist, daß aber trotz der Kapazitätsbegrenzung für nukleare Anlagen der Einsatz von Kernenergiebrennstoffen zugenommen

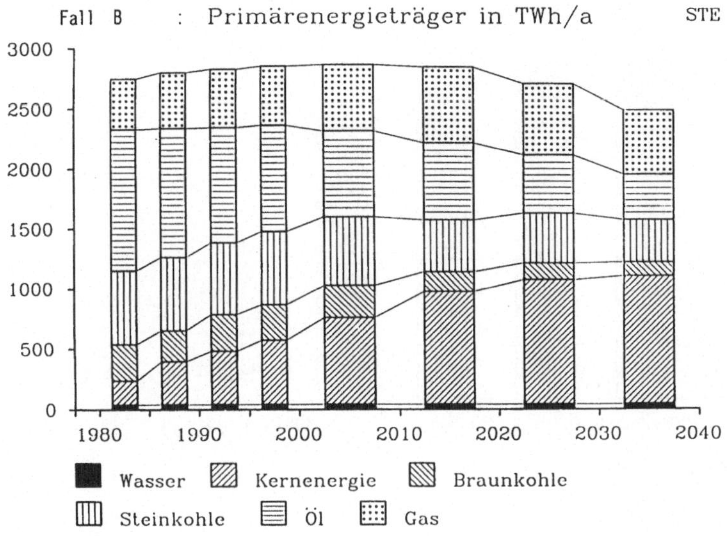

Abb. 44: Primärenergieträgerentwicklung im Szenario B

hat. Das heißt, es wurde ein Weg gefunden, die Kernenergiekapazitäten höher auszulasten als im Fall A sowie den Spielraum im Zubau zu nutzen, der durch den unterschiedlichen Verlauf der Kurven 1 und 2 in Abbildung 42 gegeben war.

Darüber hinaus hat sich der Gasanteil an der Versorgung zu Lasten von Öl, Stein-/Braunkohle vergrößert. D.h. durch die Verschiebung zu wasserstoffreicheren Primärenergieträgern (CH_4) wird ein größerer Anteil des Energieumsatzes über (CO_2-freie) Wasserstoffverbrennung erreicht und somit die CO_2-Bilanz weiter entlastet.

Aufgrund der Verschiebungen in der Primärenergiebilanz kann bereits eine Veränderung in der Endenergieträgerstruktur erwartet werden. Der Vergleich der Abbildungen 45 und 36 zeigt, daß nunmehr neue Endenergieträger an der Versorgung der Verbraucher beteiligt sind.

So werden Methanol und am Ende des Betrachtungszeitraums Wasserstoff als Endenergieträger eingesetzt, ein Hinweis darauf, daß neue Energiesysteme an der Energieversorgung beteiligt sind. Weitere Analysen (anhand von hier nicht gezeigten Tabellen) zeigen, daß Methanol zur Substitution von Mitteldestillat (Heizung, aber auch Schwerlastverkehr) eingesetzt sowie Wasserstoff zur Prozeßenergiedarstellung ge-

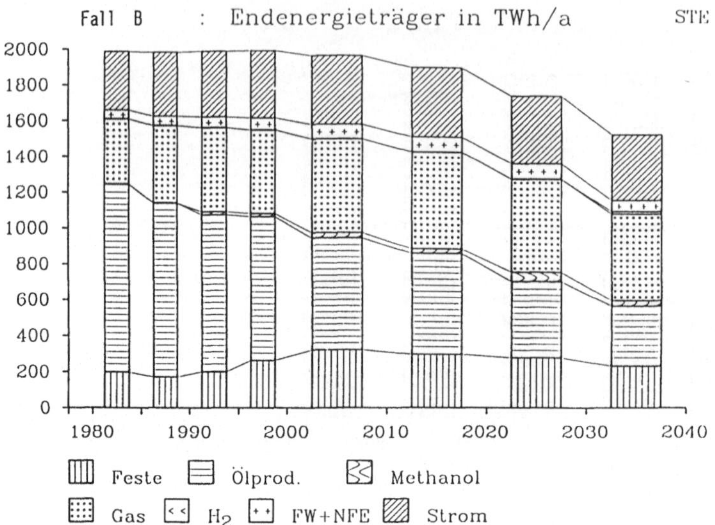

Abb. 45: Endenergieträgerentwicklung im Szenario B

nutzt wird und dort Kohle verdrängt. Weiterhin wird verstärkt Erdgas eingesetzt, während alle anderen Brennstoffe zumindest am Ende des Zeitraums abnehmen. Insgesamt sinkt der Endenergieverbrauch gegenüber Fall A. Dies ist zum Teil bedingt durch eine Verbesserung des Umwandlungswirkungsgrades bei den Endbenutzertechnologien, der aus der Umstrukturierung des Endenergieeinsatzes folgt (eine Gasheizung hat einen besseren Nutzungsgrad als z.B. eine Ölheizung). Der starke Rückgang der Endenergie nach 2010 ist jedoch damit alleine nicht erklärbar.

Von Interesse ist, wie die Endenergieträger Methanol und Wasserstoff durch neue Energiesysteme bereitgestellt werden. Hierzu liefern die Abbildungen 46 und 47 die notwendigen Informationen. Abbildung 46 zeigt den Primäreinsatz für die neuen Energiesysteme. Hier ist formal off-peak Strom für die Elektrolyse (ELYM) als Primäreinsatz gezählt. Einsatzenergien sind somit für die neuen Technologien Steinkohle (bzw. Koks) und Braunkohle, Kernbrennstoffe, Gas, Strom und externes Synthesegas. Die Einsatzzeiten sind nach Einsatzenergien verschieden, jedoch werden zum Ende des betrachteten Zeitraums alle aufgezählten Energien verwendet. Der Einsatz der neuen Technologie nimmt kontinuierlich auf ca. 10 % des gesamten Primärenergieträgereinsatzes zu.

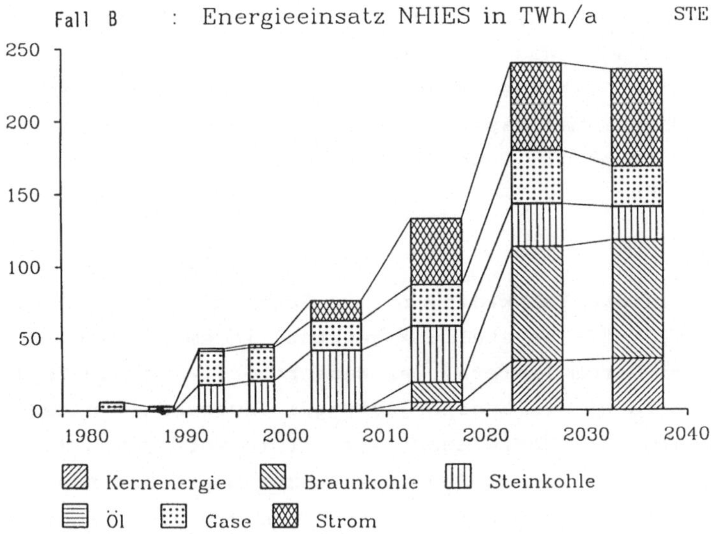

Abb. 46: Primärenergieverwendung in neuen Energiesystemen

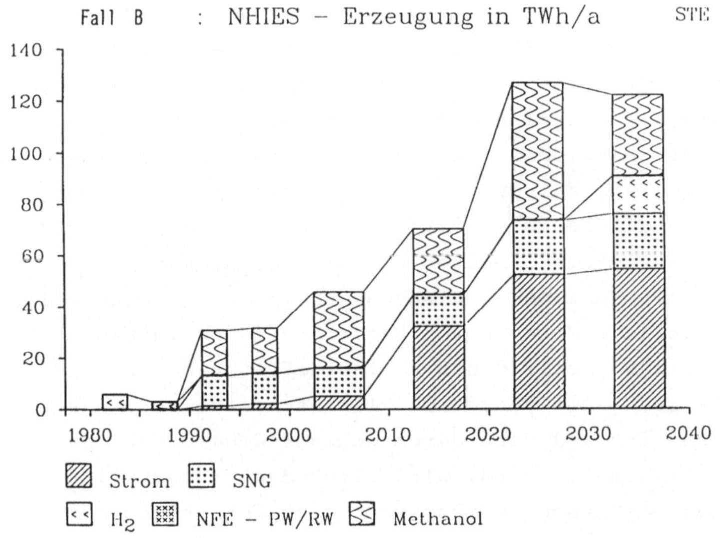

Abb. 47: Endenergieträgerabgabe von neuen Energiesystemen

Als Endenergieträger werden von den neuen Techniken Methanol, SNG, Wasserstoff und Strom bis zu etwa 10 % der Endenergie (s. Abbildung 47) abgegeben.

Eine Analyse der der Abbildung 47 zugrundeliegenden Tabelle des Reportwriters (Abbildung 48), die zusätzlich die Information enthält, welche Technologien Beiträge zu den jeweiligen Endenergieträgern liefern, läßt sich zusammenfassen in ein Prinzipschaltbild (Abbildung 49). Dieses zeigt die Technologien, die wesentliche Produktanteile der neuen Energiesysteme erbringen und ihr Zusammenwirken.

So werden nicht ausgelastete Kernkraftwerke in Schwachlastzeiten zur Wasserstoff- (und Sauerstoff-)herstellung genutzt, indem sie den zur Elektrolyse notwendigen Strom liefern. Der Wasserstoff wird zum Teil (Ende des Betrachtungsraums) als Endenergieträger abgegeben (in der Abbildung nicht dargestellt). Überwiegend wird er in Verbindung mit CO bzw. CO-/H_2-Gemischen aus der Kohlevergasung zur Erzeugung von Strom in allen Lastbereichen in Synthesegasturbinen bzw. Brennstoffstellen verbrannt, oder er dient als Mischkomponente bei der Methanolerzeugung. Braunkohle wird nuklear (allotherm) vergast.

Dabei entstandenes SNG wird ins Erdgasnetz geschleust (in Abbildung 48 nicht dargestellt). Das entstehende Synthesegas wird zur Methanolproduktion verwendet. Der verbleibende Restkoks wird vergast und zur Spitzenstromerzeugung Gasturbinen zugeführt. Anfallender Kuppelstrom bei den Reaktoren wird als Grundlaststrom in das Stromnetz eingespeist. Ebenfalls in der Abbildung nicht dargestellt, aber aus der Abbildung 48 entnehmbar ist, daß Synthesegas aus der Stahlerzeugung und Petrolkoks aus der Raffinerie entsprechend den dort anfallenden Kuppelmengen über das System verarbeitet werden. Der Einsatz von Verstromungstechniken mit sehr hohen Wirkungsgraden (z.B. Brennstoffzelle) sowie die zusätzliche Nutzung von Wasserstoff verringern über die neuen Technologien den spezifischen Kohlenstoffeinsatz zur Endenergieproduktion. Da zudem die Kohle aus klassischen Verwendungsbereichen herausgenommen wird und dort durch weniger C-haltige Energieträger (z.B. Erdgas) ersetzt wird, wird durch die dargestellte Kombination an technischen Lösungen insgesamt eine Entlastung der CO_2-Bilanz erreicht. Quantitative Restriktionen ergeben sich aus der Verfügbarkeit von Wasserstoff und/oder Erdgas.

Wie eingangs dieses Kapitels ausgeführt, reicht der Einsatz der neuen Energiesysteme nicht aus, um den Rückgang der Endenergiebereitstellung am Ende des Betrachtungszeitraums zu erklären. Vielmehr wird die CO_2-Verringerung zusätzlich durch Einsparung an Energie

NHIES - Erzeugung in TWh/a

Periode	1	2	3	4	5	6	7	8
Methanol - LKW	0.00	0.00	0.00	0.00	0.00	0.00	0.00	31.33
Methanol - PKW	0.00	0.00	0.00	0.00	0.00	0.00	0.00	0.00
Methanol - RW	0.00	0.00	17.45	17.45	29.57	25.45	53.01	0.00
Methanol - PW	0.00	0.00	0.00	0.00	0.00	0.00	0.00	0.00
ADAM - PW	0.00	0.00	0.00	0.00	0.00	0.00	0.00	0.00
ADAM - FW	0.00	0.00	0.00	0.00	0.00	0.00	0.00	0.00
ADAM - CH4	0.00	0.00	0.00	0.00	0.00	0.00	0.00	0.00
SNG	0.00	0.00	11.91	11.91	10.99	12.47	21.19	21.58
Wasserstoff	6.01	3.11	0.00	0.00	0.00	0.00	0.00	14.68
Strom - Grundlast	0.00	0.00	0.01	0.01	0.01	0.30	1.73	1.79
Strom - Mittellast	0.00	0.00	0.00	0.00	0.00	24.83	37.66	34.64
Strom - Spitzenlast	0.00	0.00	1.46	2.25	5.14	7.11	12.94	17.98
Summe	6.01	3.11	30.83	31.62	45.72	70.15	126.52	121.99

Abb. 48: Tabelle des Reportwriters zur Endenergie aus neuen Energiesystemen

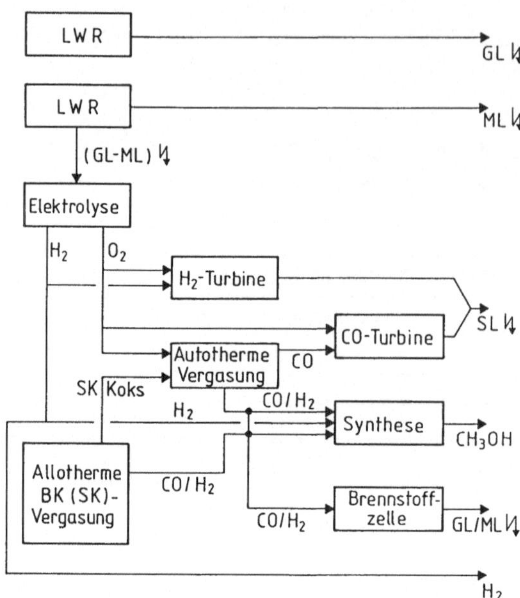

Abb. 49: Technologiekombination der neuen Energiesysteme

erreicht. Dies weist die Abbildung 50 aus, in der die unterstellte Energieeinsparung in Nutzenergieeinheiten ausgewiesen ist.

Anhand der hier exemplarisch vorgeführten Analyse läßt sich somit die anfangs gegebene Fragestellung dahingehend beantworten, daß eine CO_2-Reduktion um die Hälfte möglich ist durch Einführung neuer Energiesysteme und durch Energieeinsparung.

Darüber hinaus kann man aus den Abbildungen 51 und 52 durch Vergleich mit den Abbildungen 39 und 40 ableiten, daß als positiver Nebeneffekt über die CO_2-Restriktion auch ein weiterer Rückgang der SO_2- und NO_x-Emissionen erreicht wird.

Raumwärme in TWh/a Nutzenergie

Periode	1	2	3	4	5	6	7	8
aus Steinkohle	18.00	0.00	0.00	0.00	2.01	0.00	0.00	0.00
aus Braunkohle	8.00	12.98	13.07	12.96	12.74	12.45	11.68	0.00
aus Gas	162.00	206.50	237.60	265.05	289.50	305.64	302.67	282.60
aus Wasserstoff	0.00	0.00	0.00	0.00	0.00	0.00	0.00	0.00
aus Heizöl - L	318.00	274.22	227.07	189.24	132.78	104.95	23.42	0.00
aus Methanol	0.00	0.00	13.74	13.74	23.28	20.04	41.74	0.00
aus NFE	0.00	0.00	0.00	0.00	0.00	0.00	0.00	0.00
aus Fernwärme	39.00	41.30	47.52	53.01	63.69	67.92	69.03	49.54
aus Strom	55.00	55.00	55.00	55.00	55.00	55.00	55.00	55.00
aus Einsparung	0.00	0.00	0.00	0.00	0.00	0.00	27.46	83.86
Summe	600.00	590.00	594.00	589.00	579.00	566.00	531.00	471.00

Abb. 50: Tabelle des Reportwriters zur Struktur der Nutzenergienachfrage für das Szenario B

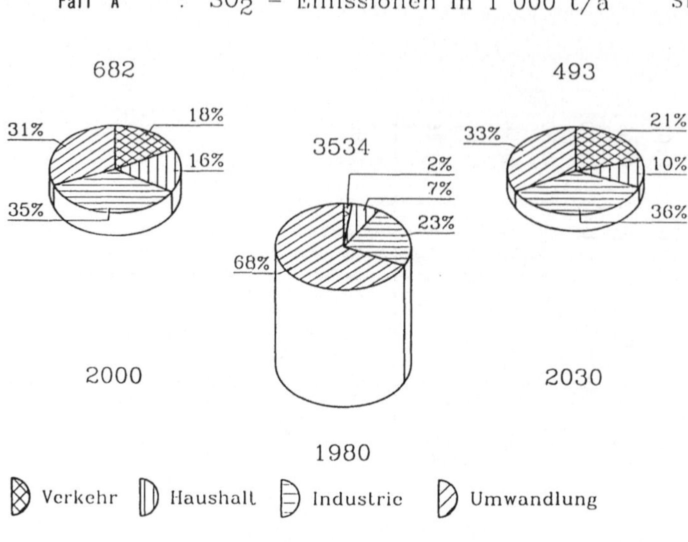

Abb. 51: SO_2-Emissionen im Szenario B

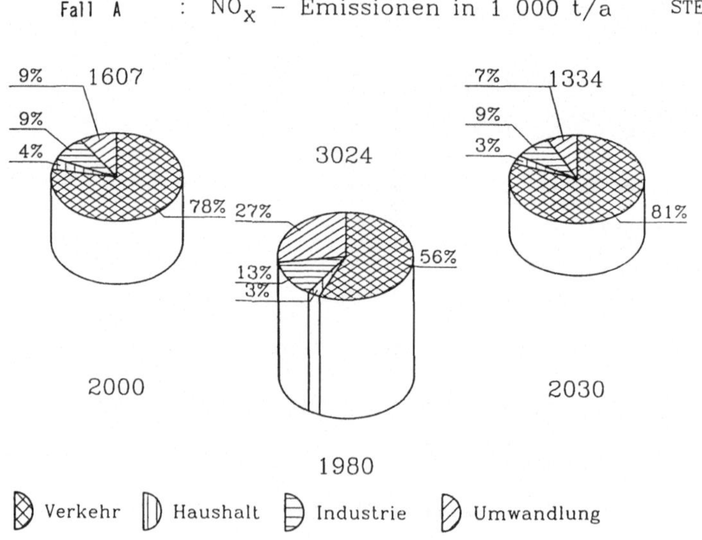

Abb. 52: NO_x-Emissionen im Szenario B

5.3 Mögliche Schlußfolgerungen

Das in Abschn. 5.2.4 gegebene Beispiel einer Analyse ist nicht vollständig. Zum einen kann die hier auf die technische Ebene abgestellte Antwort im Hinblick auf die Nutzungsweise der Techniken und die erfolgten Substitutionen weiter detailliert werden, zum anderen kann auch noch eine kostenmäßige Bewertung erfolgen, da der Reportwriter auch die jeweiligen Systemkosten aufschlüsselt. Somit können die Informationen in energiewirtschaftliche Schlußfolgerungen umgesetzt werden, z.B. dergestalt:
"Eine Reduktion des CO_2-Ausstoßes in der Bundesrepublik scheint unter den derzeit gegebenen wirtschaftlichen Rahmenbedingungen technisch bei Nutzung moderner Techniken und der Energieeinsparung möglich, ohne daß über das ohnehin erwartete Maß an Kernenergienutzung hinausgegangen wird. Zusätzliche Kosten in der Größenordnung von 20 % sind in der Energieerzeugung zu erwarten."

Naturgemäß können Antworten nur im Rahmen der im Modell möglichen Optionen gegeben werden. Beispielsweise wurde die Fragestellung der CO_2-Reduktion auf die Hälfte der heutigen Emissionen unter der Zusatzbedingung des völligen Verzichts auf Kernenergie zu einer nicht feasiblen Lösung führen. Eine nicht interpretierende Antwort hieße dann: "Eine CO_2-Reduktion auf die Hälfte bei Verzicht auf Kernenergie ist nicht möglich." Diese Antwort ist aber nur im Hinblick auf die im Modell abrufbaren Optionen richtig. Modelltechnisch wäre in diesem Fall, zunächst die Legitimität der Fragestellung im Hinblick auf die Modellstruktur zu prüfen und zu hinterfragen, ob die bei der Erstellung des Modells bereits im mentalen Modell vorgenommenen Vereinfachungen, d.h. auch Vernachlässigungen, dann noch gerechtfertigt sind.

In diesem Falle würde z.B. die Abbildung weiterer Einsparmaßnahmen (z.B. Industrie, Verkehr) und das Hinzufügen eines weiteren nichtfossilen Energieträgers, z.B. der Solarenergie, eine optimale Lösung des Modells (bei allerdings höheren Kosten) erlauben. Sodann wäre wiederum eine postive Antwort, allerdings unter Angabe einer höheren Kostenmarge möglich.

Es gilt also zu beachten, daß ein Modell von seinem Ursprung her immer im Hinblick auf eine Fragestellung oder ein Set von erwarteter Fragestellungen gebaut wurde. Werden andere Fragestellungen herangetragen, ist jeweils zu prüfen, ob das Modell zur Beantwortung geeignet ist. Andernfalls muß entschieden werden, ob das Modell geändert wird oder ob man besser ein neues Modell erstellt. Im Rahmen einer solchen Prüfung war auch im Falle des Modells MARNES entschieden worden, dieses neu zu entwickeln und nicht auf bereits vorhandene Modelle zurückzugreifen.

6 Aussagefähigkeit von Linear-Programming-Modellen

6.1 Modellierung als Abstraktionsprozeß

Der Begriff "Modell" wird üblicherweise mit umfangreichen Computermodellen wie beispielsweise dem in diesem Buch beschriebenen MARNES-Modell gleichgesetzt.

Systemtheoretisch ist dies jedoch nicht zutreffend.

Die einfachste Art der Modellbildung ist die mentale, die das menschliche Denken permanent anwendet. Die wahrgenommenen Veränderungen im Umfeld des Menschen werden dadurch aufgearbeitet, daß Kausalitätsmodelle erstellt werden, die eine Erklärung für die Veränderungen liefern. Dieses mehr oder weniger bewußt erstellte Modell wird jeweils wieder entsprechend den neuen registrierten Veränderungen angepaßt, oder aber es werden zu dem Modell widersprüchliche Wahrnehmungen im Einzelfalle unterdrückt.
Wesentlich bewußter erfolgt die verbale Modellbildung, die insbesondere in den Geisteswissenschaften, aber auch in den Wirtschaftswissenschaften zu den üblichen Vorgehensweisen der Problembearbeitung gehört. Die komplexe Realität wird durch Konzentration auf das vermeintlich Wesentliche, also durch Weglassen des vermeintlich Unwesentlichen vereinfacht. Unerläßlich ist, bei der Konstruktion verbaler Modelle gewisse formale Kriterien einzuhalten, um offensichtliche Widersprüche auszuschließen und einzelne Thesen des verbalen Modells leichter wissenschaftlich zu analysieren.

Durch eine weitere Verstärkung der Formalisierung kann die Konsistenz eines Modells weiter erhöht werden. Dies ist am ausgeprägtesten, wenn als Hilfsmittel der Abbildung die formale Sprache der Mathematik verwendet wird. Gleichungen treten an die Stelle von Umschreibungen von erkannten Einzelzusammenhängen. Die mathematische Formulierung erlaubt das Verknüpfen vieler Einzelaspekte, die im mentalen Modell nicht mehr in einer überblickbaren Ordnung beherrschbar sind. Die Komplexität des in diesem Buch beschriebenen Modells verdeutlicht dies in anschaulicher Weise.

Die Mathematik erlaubt verschiedene Typen von Modellen. In diesem Buch wurde gezeigt, warum im vorliegenden Fall ("Logistikproblem") auf die Methode des LP zurückgegriffen wurde. Gerade im Bereich der Energieversorgung sind umfangreiche Modelle auf Basis der linearen Programmierung entstanden, die von ihrer Größe her mit MARNES vergleichbar sind: Einige willkürlich ausgewählte Beispiele zeigen dies:

- MARKAL: (Market Allocation) Flexibles, Mehrperioden LP-Modell, das im Brookhaven National Laboratory (BNL) und Kernforschungsanlage Jülich (KFA) in einer gemeinsamen Aktion von bis zu 14 Mitgliedsländern der OECD im Auftrage der Internationalen Energieagentur (IEA) entwickelt wurde.

- WASP (Wien Automatic System Planning Package): Modell für die Planung des Ausbaus des Elektrizitätssektors. Es wird von der IAEA in Wien überwiegend für Planungsaufgaben in Entwicklungs- und Schwellenländern eingesetzt.

- EFOM (Energy Flow Optimization Model): Modell der Energieversorgung, das im Auftrag der EG-Kommission entwickelt und bei der Kommission selbst sowie in mehreren EG-Ländern betrieben wird.

- MESSAGE: Mehrperioden LP-Modell, für die Energieversorgung. Es wurde entwickelt im International Institute for Applied Systems Analysis (IIASA). Unterschiedliche Varianten wurden für globale, nationale und regionale Fragestellungen - auch kommerzieller Art - eingesetzt.

Da die hier aufgeführten Modelle für verschiedene Fragestellungen entwickelt wurden, unterscheiden sie sich naturgemäß, da jeweils andere Abstraktionsprozesse zu dem jeweiligen Modell geführt haben.

Bei einer neuen Fragestellung ist daher jeweils zu prüfen, welche Abstraktion der Fragestellung gerecht wird und welches Modell als Werkzeug einsetzbar ist.

6.2 Umsetzung von Ergebnissen in Empfehlungen

Welche quantitativen Aussagen das vorgestellte Energiemodell MARNES für die Energieversorgung im einzelnen liefern kann, wurde im Kapitel 5 beschrieben. Im folgenden sollen nun die Ergebnisse in etwas mehr generalisierter Art auf ihre Aussagemöglichkeiten als Empfehlung hin betrachtet werden.

Mit Hilfe eines Energiemodells wird ein Konsensus zwischen Experten der verschiedenen Fachgebiete hergestellt; Abbildungsgrad des Modells und Eingabedaten werden in Relation zueinander ausgewogen festgelegt. Letzteres ist insbesondere im Falle von LP-Modellen wichtig, weil zur Wahl einer Technologie nicht die absolute Größe der charakterisierenden Daten entscheidend ist, sondern die Relation der Daten konkurrierender Technologien untereinander.

Einzelne Daten oder Ergebnisse dürfen deshalb nicht isoliert vom Gesamtgefüge der Modellannahmen bewertet werden.

Wegen des überregionalen Charakters des Energiemodells MARNES ist es nicht möglich, Aussagen für Einzelanlagen oder Einzelstandorte zu machen. Der modellgegebene Abstraktionsgrad ist dafür zu hoch, ermöglicht jedoch Aussagen auf der volkswirtschaftlichen Ebene. Da die Methode des Linear Programming ein Gesamtoptimum für das gesamte abgebildete Energiesystem sucht, ist dies bei der wirtschaftlichen Interpretation der Ergebnisse mit der Makroebene der Volkswirtschaft oder eines "Superkonzerns" gleichzusetzen. Vorteile bei Kuppelproduktionen oder bei der Produktion einzelner Energieträger in Teilbereichen des Systems werden dem Gesamtsystem zugeordnet und können damit wiederum Energieträger und -techniken an anderer Stelle des Systems in Lösungen gehen lassen, die für sich alleine betrachtet nicht das wirtschaftliche Optimum darstellen. Eine branchenspezifische oder gar einzelbetriebswirtschaftliche Denkweise ist in diesem Energiemodell nicht möglich.

Die verwendete Kostenminimumfunktion als Zielfunktion setzt zudem den "Homo öconomicus" voraus, den es nicht gibt. Solange die im Modell gesetzten Randbedingungen es zulassen, wird jeweils die relativ billigste Lösungsmöglichkeit bis an die Obergrenze ihrer Ressource erschöpft. Die Ergebnisse der Rechnungen können deshalb nur in einer vollständig am gesamtwirtschaftlichen Optimum orientierten Volkswirtschaft, z.B. in einer Planwirtschaft, unmittelbar als Empfehlungsgröße übernommen werden. Bei marktwirtschaftlichen Volkswirtschaften können die Ergebnisse solcher Modellbetrachtungen nur als Erkenntnishilfen dienen, um bestimmte Vor- und Nachteile von Entwicklungen aufzuzeigen. Zwischen den Ergebnissen und ihrer Umsetzung in eine Empfehlung muß daher noch detailliert geprüft werden, ob die bestehenden Unternehmensstrukturen, die rechtliche Situation und die Akzeptanz der Betroffenen die ausgesprochene Empfehlung relevant erscheinen lassen.

Ergebnisse von Energie- und Umweltmodellen dürfen deshalb nie als direkte Empfehlung interpretiert werden. Sie sind nur <u>ein</u> Input in die Entscheidungsfindung.

7 Ausgewählte Literaturhinweise

Als Ergänzung zu den Kapiteln dieses Buches bzw. zur weiteren Vertiefung wird auf die folgende Literaturauswahl hingewiesen.

W. Häfele, H. Barnert, S. Messner, M. Strubegger:
Zur zukünftigen Energieversorgung:
Das Konzept der neuartigen horizontal integrierten Energiesysteme,
Energiewirtschaftliche Tagesfragen, 34. Jg. (1984), Heft 1

B. A. Murtagh
Advanced Linear Programming: Computation and Practice,
McGraw Hill, 1981

G. B. Danzig:
Linear Programming and Extensions;
Priceton University Press, 1963

Haverly Systems Inc.:
OMNI Linear Programming System
- User Reference Manual -;
EL/0053, Denville, Februar 1985

IBM
Systems Product Interpreter
User's Guide
Release 4
SC 24-52382

IBM
System Product
Interpreter Reference
Release 4
SC 24-5239-1

IBM
IBM Mathematical Programming System
Extended/370 Program Reference Manual;
SH19-1095-3, 4. Auflage, Dezember 1979

Bundesministerium des Innern:
Dreizehnte Verordnung zur Durchführung des Bundes-Immissionsschutz-
gesetzes (Verordnung über Großfeuerungsanlagen);
Bundesgesetzblatt Nr. 26, Z 5702 A,
Bonn 1983, S. 719 - 730

Deutscher Bundestag:
Energie und Umwelt, Sondergutachten,
Drucksache 9/872,
Bonn 1981

Deutscher Bundestag:
Enquete-Kommission "Zukünftige Kernenergiepolitik",
Bericht der Arbeitsgruppe "Modelle" über den Stand der Arbeiten
und die Ergebnisse "Volkswirtschaftliche Konsequenzen verschiedener
Energieversorgungsstrukturen, März 1983

H. J. Wagner, V. Bundschuh, K. Düring, D. Martinsen, H. Riemer,
M. Walbeck:
Folgewirkungen eines Ausstiegs aus der Kernenergie,
Jül-Spez-358, Jülich 1986

Bundesverband der deutschen Industrie e. V. (BDI)
Synopse und Beurteilung aktueller Energieprognosen
Untersuchung des Ifo-Instituts für Wirtschaftsforschung
im Auftrag des BDI
BDI Drucksache Nr. 186, April 1986, ISSN 0407-8977

D. Martinsen, M. Müller, H. J. Wagner, M. Walbeck:
Emission Strategies for Germany - Calculations with a Linear
Programming Model with Special Regard to the Traffic Sector,
OCDE, OECD, ENEA:
Proceedings Enclair 86, Oktober 1986, Taormina (Italien)

W. Häfele, D. Martinsen, M. Walbeck:
Systemanalyse einer WasserstoffEnergiewirtschaft,
Dechema-Monographien Band 106 - VCH Verlagsgesellschaft 1986

C. König (Hg)
Energiemodelle für die Bundesrepublik Deutschland
Birkhäuser Verlag, Basel 1979

Prognos AG.
Energieprognose - Die Entwicklung des Energieverbrauchs in der Bundesrepublik Deutschland und seine Deckung bis zum Jahr 2000
H. Poller Verlag, Stuttgart 1984

Sachverzeichnis